Sigrid Goldmann

Helgis Jungpferdetagebuch

Ein Jahr in der AUSBILDUNG eines Islandpferds

Mit Trainingstipps von
Johanna
Tryggvason

Müller Rüschlikon

Einbandgestaltung: r2 I Ravenstein, Verden

Titelfoto: Sigrid Goldmann & Johanna Tryggvason

Buttonfoto: Sabine Kämper & Ulrich Neddens, Neddens Tierfoto

Bildnachweis:

In den Abbildungen 3, 40, 52, 64, 66, 87, 117, 121, 124 trägt Johanna eine Reitjacke, die uns Die Gewandmeisterei, Franziska Tofolo für den Fototermin leihweise zur Verfügung gestellt hat. Vielen Dank dafür!

Mit Ausnahme der unten angeführten Bilder liegt das Urheberrecht für alle Abbildungen bei Johanna Tryggvason und Sigrid Goldmann.

Für die folgenden Abbildungen gilt:

Abb. 1 Johanna und Fönix: Copyright Sabine Kämper & Ulrich Neddens, Neddens Tierfoto

Abb. 12: Helgi als Fohlen: Copyright Gestüt Sophienhof, Oliver Weitz

Abb. 30, 34, 35, 36, 43, 45, 58, 65, 81, 88, 91, 92, 93, 109, 112, 114, 133, 136, 140, 142, 147, 152, 155: Copyright Spitited Photos, Dalia Muth

ISBN 978-3-275-02302-8

Postfach 103743, 70032 Stuttgart

Ein Unternehmen der Paul Pietsch Verlage GmbH & Co. KG

1. Auflage 2024

Sie finden uns im Internet unter www.mueller-rueschlikon-verlag.de

Lektorat: Claudia König

Innengestaltung: r2 | Ravenstein, Berlin

Druck und Bindung: Graspo CZ, 76302 Zlin

Printed in Czech Republic

Inhalt

Vorwort

von Johanna Tryggvason

Ein zufriedenes Team

Immer wieder kommen Freizeitreiter mit der Frage zu mir, ob und wenn ja wie sie das Projekt »Jungpferdeausbildung« selbst angehen können. Viele Freizeitreiter können nicht gut abschätzen, was sie erwartet, wenn sie sich ein junges, noch nicht fertig ausgebildetes Pferd anschaffen. Daher fand ich Sigrids Idee sehr gut, als sie mir erzählte, dass sie aus ihrer Perspektive als Freizeitreiterin ein Buch über die Ausbildung ihres jungen Islandpferds Helgi schreiben wollte.

Das Buch begleitet ein Jahr in Helgis Ausbildung, in dem Sigrid Helgi unter meiner Anleitung von einem frisch angerittenen Jungpferd zu einem zuverlässigen Freizeitpartner ausgebildet hat.

Für mich ist es jedes Mal wieder ein unbeschreiblich schönes Gefühl, ein junges Pferd zu formen und zu spüren, wie sich eine vertrauensvolle Verbindung und eine respektvolle Beziehung entwickelt. Die Jungpferdeausbildung erfordert ausreichendes Wissen, Gefühl und Mut. Es liegt eine große Verantwortung darin. Hilfe ist absolut notwendig, und auch das eigene Handeln sollte immer wieder hinterfragt werden.

Als Reiter haben wir eine große Verantwortung gegenüber unserem Pferd, sowohl physisch als auch psychisch. Dabei ist es nicht von Belang, ob es sich hierbei um ein Freizeitpferd oder um ein Sportpferd handelt. In erster Linie ist das Pferd unser Partner und unser Freund. Der Spruch »ein Pferd ohne Reiter ist immer noch ein Pferd, ein Reiter ohne Pferd ist nur ein Mensch« ist einer meiner Liebsten.

Letztendlich ist der Beginn einer jeden Ausbildung immer der gleiche, egal welche Ziele man sich gesteckt hat oder welche Ziele andere in einem Pferd sehen. Zu Beginn legen wir den Grundstock und schaffen das Fundament. Etwas auf positive Art zu erlernen und zu verstehen, hat Beständigkeit. Wenn im Laufe der Zeit Missverständnisse auftreten, haben wir doch immer ein starkes Fundament, auf das wir zurückgreifen können. Es sollte unser Bestreben sein, ein Pferd so auszubilden, dass es im Rahmen seiner Möglichkeiten, seiner Gangveranlagung und seines Potentials zu glänzen vermag.

Der gegenseitige Respekt und das Vertrauen zwischen Pferd und Reiter gehören zu den wichtigsten Grundlagen für die Jungpferdeausbildung. Sind diese beiden Voraussetzungen geschaffen, lässt sich darauf eine solide Ausbildung aufbauen. Im weiteren Verlauf werden dem Pferd nach und nach die Hilfen erklärt, immer auf der Basis von Verständnis und positiver Motivation. Nur wenn das Pferd die Hilfen verstanden hat und annimmt, und das Vertrauen zwischen Pferd und Reiter weit genug entwickelt ist, wird ein harmonisches Miteinander möglich.

Unsere Aufgabe ist es, dem Pferd das Verständnis für richtiges Verhalten beizubringen. Das Pferd muss die Möglichkeit erhalten, zu verstehen und ohne Stress zu lernen. Dadurch wird es auch zukünftig schon von sich aus die richtige Reaktion anbieten. Das Wichtigste bei der täglichen Arbeit ist, dass das Pferd freiwillig und ohne Zwang mitarbeitet. Dann haben Pferd und Reiter Freude an der gemeinsamen Arbeit, und nach jedem Training bleibt ein positives Gefühl zurück, das beide Seiten motiviert weiterarbeiten lässt.

Wie erwähnt erzählt Sigrid in diesem Buch, wie sie Helgi unter meiner Anleitung nach diesen Ideen ausgebildet hat. Dabei kann sie naturgemäß nicht mein komplettes Ausbildungskonzept abschließend beschreiben. Für das spezielle Beispiel von Helgis Ausbildung gibt sie aber meine Trainingstipps in der jeweiligen Situation in genug Detail wieder, dass der Leser sich ein grundsätzliches Bild von den Höhen und Tiefen einer Jungpferdeausbildung machen kann.

Die beiden haben in diesem ersten Ausbildungsjahr eine solide Basis erarbeitet, auf der sie in Zukunft weiter aufbauen können. Ich bin überzeugt, dass dieses Beispiel anderen Freizeitreitern helfen kann, mit Hilfe eines erfahrenen Trainers die Ausbildung ihres eigenen jungen Pferdes mit dem richtigen Maß an Mut, Gefühl und positiver Energie anzugehen.

Johanna Tryggvason

Einleitung

Abbildung 1: Johanna und Fönix

Als ich Johanna Tryggvason kennenlernte, war ich mit der Ausbildung meines damaligen Pferdes Tandri gerade in einer Sackgasse. Ich hatte ihn als fünfjähriges Jungpferd mit einer noch nicht gefestigten Grundausbildung gekauft, und musste aufgrund unvorhergesehener Umstände nach wenigen Monaten seine weitere Ausbildung selbst übernehmen.

Das klappte in den drei Grundgangarten auch mehr oder weniger gut, aber der Tölt wollte sich so gar nicht stabilisieren. Daher war ich sehr froh als ich erfuhr, dass mit Johanna und Haukur Tryggvason neue, erfahrene Trainer und Bereiter auf unseren Hof kommen sollten. Johanna stellte sich uns Einstellern vor und bot Reitstunden und Beritt an – ein Angebot, das ich gerne annahm.

Johanna sah sich das Thema an, versicherte mir, dass es kein Problem sei – und machte sich daran, meinem Pferd und mir den Tölt zu vermitteln. Sechs Wochen später tölteten Tandri und ich durch die Reithalle, als hätten wir nie etwas anderes getan.

Natürlich waren damit nicht alle unsere Probleme komplett gelöst. Tandri und ich mussten noch viel lernen. Über die nächsten Jahre nahm ich regelmäßig weiter Unterricht bei Johanna, und Tandri wurde zusehends leichtrittiger.

Abbildung 2: Viel loben

Das Besondere an Johannas Reitunterricht war und ist, dass ich ihre Ratschläge nicht nur während der Reitstunden »unter Aufsicht« umsetzen kann, sondern auch alleine beim Üben. Ein Grund, warum ich mit Johannas Unterrichtsstil so gut zurechtkomme, ist ihr Fokus auf positives Feedback. Johanna sieht immer, wenn eine Übung besonders gut klappt, und teilt das ihrem Reitschüler auch sofort mit. »Hast du das gerade gefühlt? Genau so war es richtig!« ist eine Aussage, die ich in jeder Reitstunde mehrfach von ihr zu hören bekomme. Dadurch kann ich mir gut merken, wie sich eine richtig umgesetzte Übung anfühlen muss, und lerne schnell, dieses Reitgefühl auch zu erreichen, wenn Johanna nicht dabei ist.

Nach dem gleichen Prinzip geht Johanna auch bei der Ausbildung von jungen und auch älteren Pferden vor: Die richtige Reaktion des Pferdes wird sofort gelobt, falsche Reaktionen werden ignoriert. Tandri war natürlich nicht das einzige Pferd, das unter Johannas anspornender Förderung aufblühte. Viele andere Reiter haben mir von ähnlich positiven Erfahrungen mit Johannas Training berichtet.

Johannas eigenes Pferd Fönix ist das beste Beispiel dafür, wie erfolgreich ihr Ausbildungsweg ist. Mit ihm gewann sie auf den Islandpferdeweltmeisterschaften 2015 und 2017 insgesamt drei Goldmedaillen, eine Silbermedaille und eine Bronzemedaille.

Als mit Helgi die Herausforderung auf mich zukam, mit Johannas Hilfe ein noch sehr ungeformtes Pferd von Grund auf auszubilden, hatte ich die Idee, meine Erfahrungen in Helgis erstem Ausbildungsjahr aufzuschreiben. Es sollte ein Buch entstehen, das anderen Freizeitreitern ein Gefühl dafür vermittelt, wie die Ausbildung eines jungen Pferdes unter der Anleitung einer erfahrenen Trainerin ablaufen kann. Ein Buch, das den Werdegang von Pferd und Reiter beschreibt, in dem ein noch recht rohes Jungpferd sich zu einem zuverlässigen Freizeitpartner entwickelt.

Abbildung 3: Johanna gibt Ratschläge

Dabei ist es mir sehr wichtig zu betonen, dass es in der Reiterei kein »Schema F« gibt, nach dem das Pferd ausgebildet und geritten werden muss. Gerade als Freizeitreiterin, die nicht jede Übung mit der perfekten Hilfengebung begleiten kann, kam ich im Laufe von Helgis Ausbildung oft in Situationen, in denen ich mit einer Übung oder einem gewählten Übungsansatz für ein aktuelles Ziel nicht weiterkam. Das musste nicht zum Problem werden, weil es grundsätzlich in jeder Situation mehrere mögliche Lösungswege gibt. Wenn ein bestimmter Lösungsweg nicht zum Ziel führte, suchte ich nach einem anderen Weg und konnte so oft Missverständnisse selber auflösen, für die ich sonst Johannas Hilfe benötigt hätte.

Als ich Johanna vorschlug, meine Erfahrungen und Erlebnisse mit Helgi in einem Buch zu veröffentlichen, war sie von der Idee sehr angetan. Sie stimmte sofort zu, dass ich ihre Ratschläge mitschreiben durfte, und hat mir bei der Entstehung des Buches mit Rat und Tat zur Seite gestanden.

Der erste Teil dieses Buchs begleitet ein Jahr lang Helgis Werdegang von einem gerade angerittenen Jungpferd bis zum zuverlässigen, leichtrittigen Freizeitpartner. Woche für Woche, Reiteinheit für Reiteinheit erzähle ich, welche Fortschritte und Rückschläge Helgi und ich erlebt haben, und welche Trainingsstrategien und Lösungsansätze Johanna in den unterschiedlichen Situationen gewählt hat. Ich berichte, wie Helgi auf die jeweiligen

Lösungsansätze reagiert hat, und wie Johanna vorgegangen ist, wenn seine Reaktion einmal nicht die war, die wir uns gewünscht hatten. Pro Reiteinheit liste ich die Übungen auf, die Johanna Helgi und mich hat machen lassen und erkläre, warum Johanna in der jeweiligen Situation gerade diese Übungen gewählt hat.

Abbildung 4: Training mit Helgi

Diese Lösungsansätze sind naturgemäß spezifisch auf die jeweilige Situation mit Helgi gemünzt. Sie geben einen Überblick über die Philosophie hinter Johannas Ausbildungskonzept, sind aber natürlich nicht eins zu eins auf ein anderes Pferd in einer anderen Situation übertragbar. Nichtsdestotrotz können sie anderen Reitern in einer ähnlichen Situation eine Idee vermitteln, wie sie grundsätzlich vorgehen können, um eine für Pferd und Reiter positive Lösung zu finden.

Im zweiten Teil des Buches habe ich meine Erfahrungen aus dem ersten gemeinsamen Jahr mit Helgi zusammengefasst. Helgi und ich haben sehr viel von Johannas Anleitung profitiert. Aber wir haben naturgemäß auch viel trainiert, ohne dass Johanna dabei war und sofort hätte eingreifen können.

In diesen Zeiten habe ich Erfahrungen gesammelt und Strategien erprobt, mit deren Hilfe ich auch einmal ohne professionelle Anleitung weiterkommen konnte, wenn etwas partout nicht klappen wollte. Auch diese Erfahrungen sind sicherlich nicht allgemeingültig, können aber vielleicht anderen Freizeitreitern eine Idee vermitteln, wie sie selbst mit dem eigenen Pferd nach Lösungen suchen können, wenn der Trainer einmal nicht sofort greifbar ist.

Dazu zählen die Aufgaben, die Johanna Helgi und mich in unseren gemeinsamen Trainingseinheiten hat angehen lassen. Aber auch andere Trainingsideen, die ich im Laufe von Helgis Ausbildung selbst ausprobiert habe, haben ihren Platz in der Liste der Trainingsvorschläge, die ich im zweiten Teil aufliste.

Mit der chronologischen Erzählung im ersten Teil und meinen Erfahrungen und Trainingsvorschlägen im zweiten Teil soll dieses Buch ein Gesamtbild von einer beispielhaften Jungpferdeausbildung aus der Perspektive einer Freizeitreiterin vermitteln.

Wie lese ich dieses Buch?

Abbildung 5 zeigt die oben beschriebene Aufteilung dieses Buchs in zwei Teile: Der erste Teil erzählt chronologisch von den Fortschritten und Rückschlägen in Helgis Ausbildung. Im zweiten Teil des Buchs gehe ich auf die Erfahrungen ein, die ich im Laufe von Helgis Ausbildung gemacht habe. Dort findet sich auch eine Liste von Trainingsideen und Übungen, die ein Freizeitreiter mit seinem jungen Pferd machen kann.

Im ersten Teil leite ich jedes neue Kapitel mit einer kurzen Übersicht über Helgis Entwicklung in den jeweiligen Monaten ein, bevor ich diese Entwicklung anhand von beispielhaften Reiteinheiten detailliere. Die weiß hinterlegten Abschnitte enthalten Helgis und meinen Werdegang in den jeweiligen Monaten. In den grau hinterlegten Abschnitten berichte ich, wie Johanna auf die konkrete Trainingssituation in dem jeweiligen Monat eingegangen ist. Hier werden generelle Lösungsansätze und konkrete Übungen genannt, die Helgi und mich in dieser Zeit vorangebracht haben.

Meine eigenen Erfahrungen und Trainingsvorschläge für andere Freizeitreiter im zweiten Teil des Buchs setzen sich wiederum aus zwei Teilen zusammen: Der Abschnitt **Erfahrungen aus Helgis Ausbildung** enthält eher allgemeine Ratschläge, die sich aus meinen persönlichen Erfahrungen ergeben haben. Im Abschnitt **Übungen und Trainingsideen** gehe ich näher auf die konkreten Übungen ein, die Johanna in den gemeinsamen Trainingseinheiten verwendet hat. Zusätzlich mache ich Vorschläge für andere Trainingsideen, die ein Freizeitreiter gut allein umsetzen kann, wenn der Trainer nicht dabei ist.

Dieses Buch kann also von Anfang bis Ende gelesen werden, um die Geschichte von Helgis Ausbildung mitzuerleben und im Anschluss meine Schlüsse aus den gemachten Erfahrungen nachzuvollziehen. Wer mehr an den konkreten Fortschritten und Rückschlägen dieser

Abbildung 5: Aufbau des Buchs

<table>
<tr><td rowspan="7">Teil 1</td><td colspan="2">Juni: Pferdekauf</td></tr>
<tr><td>Sigrid erzählt</td><td>Johannas Rat</td></tr>
<tr><td colspan="2">Juli/August: Hilfenverständnis</td></tr>
<tr><td>Sigrid erzählt</td><td>Johannas Rat</td></tr>
<tr><td colspan="2">September/Oktober ...</td></tr>
<tr><td colspan="2">Fazit nach dem ersten Jahr</td></tr>
<tr></tr>
<tr><td rowspan="2">Teil 2</td><td colspan="2">Erfahrungen aus Helgis Ausbildung</td></tr>
<tr><td colspan="2">Übungen und Trainingsideen</td></tr>
</table>

beispielhaften Jungpferde-Ausbildung interessiert ist, kann den ersten Teil im Detail mitverfolgen, und den zweiten Teil als Nachschlagewerk für einzelne Übungen und Hinweise verwenden. Umgekehrt kann ein Leser, der mehr an den grundsätzlichen Ideen zur Jungpferdeausbildung als Freizeitreiter interessiert ist, den zweiten Teil detailliert lesen und gegebenenfalls konkrete Beispiele im ersten Teil nachschlagen.

Dazu gibt es im Anhang ein Verzeichnis der in diesem Buch beschriebenen Reiteinheiten und ihrer Zuordnung zu den beschriebenen Übungen und umgekehrt (siehe Anhang: Verzeichnis der Trainingseinheiten auf Seite 200 und Verzeichnis der Übungen auf Seite 202).

Grundlagen und Prinzipien der Jungpferdeausbildung

Zum allgemeinen Verständnis vorab ein kurzer Überblick über die Grundlagen und Prinzipien, auf denen Johannas Arbeit mit Pferden jeden Alters beruht.

Abbildung 6:
Grundlagen und Prinzipien

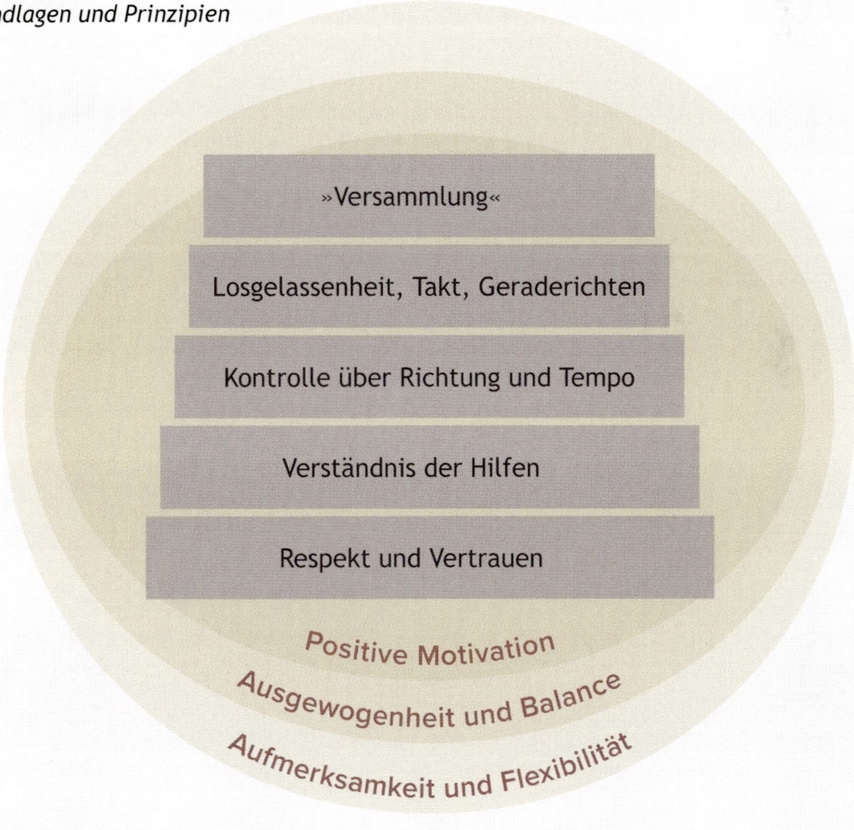

Abbildung 7: Helgi ist losgelassen und trägt sich selbst

Wie Johanna im Vorwort betont, beruht ihr Ausbildungskonzept auf den beiden gleichwertigen Grundlagen **Respekt und Vertrauen**. Die beiden Grundlagen bedingen sich gegenseitig, und werden durch die gemeinsame Arbeit aufgebaut und immer weiter vertieft. Darauf aufbauend vermittelt Johanna dem jungen Pferd ein erstes **Verständnis der Hilfen**. Das junge Pferd lernt, was die einzelnen Schenkel- und Zügelhilfen bedeuten. Sobald es die einzelnen Hilfen verstanden hat, lernt das Pferd, wie die Hilfen kombiniert werden.

Wenn sowohl die Grundlagen Respekt und Vertrauen als auch das Verständnis der Hilfen einmal aufgebaut sind, ist der nächste wichtige Schritt die **Kontrolle über Richtung und Tempo**. Das Pferd soll lernen, den Hilfen des Reiters jederzeit zu folgen – sei es den seitlich führenden Hilfen, den verwahrenden oder auch den treibenden Hilfen. Solange der Reiter diese Kontrolle über Richtung und Tempo in jeder Situation bewahrt, ist Johanna überzeugt, dass alle anderen Fehler reparabel sind, die Pferd und Reiter im Laufe der Ausbildung unweigerlich machen werden.

Erst wenn die ersten drei Grundlagen stabil angelegt sind, arbeitet Johanna an den Feinheiten, die später für eine zufriedene, gesunde Arbeit mit dem Pferd unerlässlich sind: Das Pferd soll entspannt und **losgelassen** am Zügel gehen, in allen Gangarten im korrekten, lockeren **Takt** gehen und sich aus seiner natürlichen Schiefe **geraderichten**.

Im Rahmen der Arbeit an Losgelassenheit, Takt und Geraderichten wird sich langsam auch ergeben, dass das Pferd besser an die Hand herantritt. Es lernt, das Gewicht von der Vorhand mehr in Richtung Hinterhand zu verlagern und sich von hinten nach vorne mit schwingendem Rücken selbst zu tragen. Das ist eine wichtige Voraussetzung dafür, dass das Pferd bis ins hohe Alter gesund bleibt.

Ich habe diese Grundlage hier »Versammlung« in Anführungszeichen genannt, weil es sich um eine Vorstufe der dressurmäßigen Versammlung handelt: Eine beginnende Lastaufnahme der Hinterhand und das damit verbundene, anfangs nur phasenweise erreichte Anheben der Schulter. Die echte Versammlung, bei der das Pferd konstant über lange Phasen mit der Hinterhand weit unter den Schwerpunkt tritt und Schulter und Rücken deutlich anhebt, ist für ein junges Pferd im ersten Ausbildungsjahr noch sehr anspruchsvoll. Diese durchgängige Versammlung erfordert sehr viel Kraft und entwickelt sich bei den meisten jungen Pferden im Laufe der weiteren Ausbildung erst nach dem ersten Jahr.

Natürlich ist die Jungpferdeausbildung nicht so gradlinig, wie es in Abbildung 6 auf den ersten Blick aussieht. Zwar baut die jeweils nächste Grundlage auf der darunterliegenden Stufe auf, aber natürlich muss immer weiter an allen Grundlagen gearbeitet werden, wenn die Ausbildung weiter fortschreitet. Diese weitere Arbeit trägt dann umgekehrt wieder dazu bei, dass die vorhergehenden Grundlagen weiter verfeinert und ausgebaut werden.

So wird im Rahmen der Grundausbildung des jungen Pferdes eine solide Basis geschaffen, auf der bei der weiteren Arbeit mit dem erwachsenen Pferd aufgesetzt werden kann.

Wie Johanna im Vorwort sagt, setzt sich ihr Ausbildungskonzept zum Ziel, dass das Pferd ohne Zwang oder Stress lernen und verstehen soll.

Um dieses Ziel erreichen zu können, liegen Johannas Arbeit Pferden jeden Alters drei wichtige Prinzipien zugrunde, in deren Kontext die weiter oben beschriebenen Grundlagen eingebettet sind. Diese Prinzipien ermöglichen und unterstützen den Aufbau von Respekt und Vertrauen, und sind daher bei der Ausbildung eines jungen Pferdes besonders wichtig:

- Die positive Motivation von Pferd und Reiter in der täglichen Arbeit,
- eine Ausgewogenheit und Balance im Training und
- die jederzeitige **Aufmerksamkeit** des Reiters und die Bereitschaft, **flexibel** auf eine gegebene Situation zu reagieren.

Abbildung 8: Positive Motivation durch Lob

Ich habe in der Einführung schon erwähnt, was ich an Johannas Trainingsstil besonders schätze: Johanna gibt **positives Feedback**, sobald Reiter und Pferd etwas richtig machen. Sie legt viel Wert darauf, eine unerwünschte oder falsche Aktion bei Pferd und Reiter nicht überzubewerten. Eine richtige Reaktion hingegen wird sofort gelobt beziehungsweise belohnt. Dadurch haben Pferd und Reiter regelmäßige Erfolgserlebnisse, die das korrekte Verhalten verstärken und gleichzeitig ein positives Gefühl für die gemeinsame Arbeit vermitteln. Das Pferd soll immer Spaß an der Arbeit entwickeln können und das Gefühl haben, mit den Anweisungen des Reiters einverstanden zu sein.

Das zweite Prinzip, die **Ausgewogenheit und Balance im Training**, trägt ebenfalls zur positiven Motivation von Pferd und Reiter bei. Ausgewogenheit und Balance sind in den verschiedensten Themenbereichen wichtig, angefangen von der körperlichen Balance von Pferd und Reiter, über die Ausgewogenheit zwischen den einzelnen Übungen im Training, bis hin zum psychischen Gleichgewicht aller Beteiligten.

Auf Arbeit mit viel positiver Spannung muss immer eine Phase der Entspannung folgen, auf konzentriertes Training in der Halle oder auf dem Reitplatz zum Beispiel ein Ausritt als Abwechslung, auf langsame Arbeit auf der gebogenen Linie ein Geraderichten und zügiges Vorwärtsreiten.

Das psychische Gleichgewicht von Pferd und Reiter schlägt auch wieder den Bogen zurück zur positiven Motivation, die einerseits dafür sorgt, dass dieses Gleichgewicht nicht aus dem Lot gerät. Andererseits unterstützt die Ausgewogenheit im Training wiederum die positive Grundmotivation von Pferd und Reiter.

Abbildung 9: Aufmerksamkeit bei Pferd und Reiter

Für alle Grundlagen der Jungpferdeausbildung gleich wichtig ist das dritte Prinzip, die jederzeitige **Aufmerksamkeit und Flexibilität** von Reiter und Trainer. Johanna vermeidet die Arbeit nach einem rigiden Schema. Sie ist immer bereit, einen neuen Lösungsansatz zu suchen, wenn eine bestimmte Strategie in der aktuellen Situation nicht zum Ziel führt.

Der Reiter soll immer ein aufmerksames Auge darauf haben, wie das Pferd auf eine bestimmte Übung reagiert. Wenn der gewünschte Lerneffekt nicht eintritt oder sogar eine negative Entwicklung erfolgt, muss er schnell und flexibel reagieren und einen anderen, in der aktuellen Situation besser geeigneten Lösungsansatz suchen. So kommen Pferd und Reiter (wenn auch manchmal auf kleinen Umwegen) in der Ausbildung voran, ohne dass kleine Missverständnisse zu unnötigen Konflikten führen.

TEIL 1

Helgis Ausbildung

Juni

Pferdekauf und erstes Kennenlernen

Abbildung 10:
Die erste Begegnung mit Helgi

Ich will ein Pferd kaufen!

Auch nach über zwanzig Jahren Erfahrung als Islandpferde-Besitzerin und mehreren Pferdekäufen im Laufe dieser Zeit, war diese Entscheidung für mich recht aufregend.

Was möchte ich für ein Pferd haben? Was soll es können, was soll es lernen können – und vor allem, wie kann ich auf einem kurzen Proberitt herausfinden, ob ein Pferd zu mir passt oder nicht? Ich bin ein Mensch, der Listen macht, also griff ich auch jetzt zu Stift und Papier. Welche Eigenschaften sollte das neue Pferd haben?

1. Da mein Mann einen Wallach hat und wir die Pferde gerne zusammen halten wollten, musste es ein Wallach werden.
2. Damit mein Mann das neue Pferd auch gelegentlich reiten kann, sollte es groß sein, mindestens 1,40 m.
3. Es sollte viel Tölt haben, der möglichst leicht zu reiten sein sollte.
4. Da ich nicht jünger werde, wollte ich kein allzu temperamentvolles Pferd mehr kaufen.
5. Mindestens die Grundausbildung des Pferdes sollte schon abgeschlossen sein.
6. Und damit das neue Familienmitglied mich nicht allzu sehr an seinen kürzlich verstorbenen Vorgänger Tandri erinnert, sollte es kein Schecke sein.

Eine Bekannte mit einem sehr guten Draht in die Islandpferdeszene half uns im Vorfeld bei der Pferdesuche. Sie machte uns auf Verkaufspferde in der Umgebung aufmerksam, die mein Mann und ich uns erstmal im Internet und teilweise auch vor Ort genauer ansahen. Sie war es auch, die von zwei Verkaufspferden in einem kleinen Zuchtbetrieb circa eineinhalb Stunden von unserem Hof erfuhr und auch gleich mit uns hinfuhr. Ich war skeptisch: Die beiden zum Verkauf stehenden Pferde waren gerade erst angeritten. Außerdem waren es beides Schecken. Aber gucken schadet ja nichts!

Abbildung 11: Helgi

Dann kam der Proberitt auf Helgi. Und erstens kommt es anders ...

Zwei von den obigen sechs Punkten erfüllt mein neues Pferd tatsächlich: Es ist ein Wallach, und er hat sehr viel leicht zu reitenden Tölt. Die anderen vier Punkte ... waren scheinbar nicht so wichtig. Helgi ist höchstens 1,38 m groß, hat eine ganze Menge Temperament, war wie erwähnt bei weitem nicht fertig ausgebildet – und ist ein Fuchsschecke.

Und das kam so ...

Samstag 02.06.

Die erste Begegnung

Helgis Werdegang: Der Proberitt

Auf zum ersten Proberitt. Wir haben in den letzten Wochen schon einige Pferde angesehen, aber heute ist der erste Termin, an dem ich einen Kandidaten tatsächlich reiten will. Ich bin sehr gespannt und erstaunlich nervös.

Die erste Begegnung im Stall ist unspektakulär: Zwei schlanke, nicht sehr große Pferde stehen in der Stallgasse, ein Fuchsschecke und ein Rappschecke mit einem interessanten Braunstich in der Färbung. Beide wirken freundlich, wenn auch etwas gelangweilt, beide sind hübsch anzusehen, aber Liebe auf den ersten Blick ist es nicht.

Die beiden werden gesattelt und auf der kleinen Ovalbahn des Hofs im Tölt vorgeritten. Beide gehen anfangs recht passig[1] los, laufen sich dann aber im Laufe der Zeit ein. Nach einigen Runden ist klar, dass der Fuchsschecke eine deutlich interessantere Gangveranlagung hat als der Rappschecke. Ich entscheide mich, zuerst den Fuchsschecken zu reiten.

Helgi heißt er, und ist offensichtlich nervös ob der fremden Reiterin auf seinem Rücken. Dass ich mindestens genauso nervös bin, hilft natürlich auch nicht. Die erste Runde auf der Ovalbahn fällt entsprechend spannig aus. In der Kurve rollt Helgi. Ich komme mir vor wie ein kompletter Anfänger und traue mich kaum, das offensichtlich sehr fein gerittene Pferd anzufassen. Kein guter Start!

Das sei das erste Mal, dass Helgi überhaupt auf der Bahn läuft, erfahre ich. Bisher ist er nur im Gelände geritten worden, und auch das nur zwei Mal pro Woche in den letzten drei Monaten. Der Rest des Proberitts findet dann auch im Gelände statt, mit dem Verkäufer auf dem Rappschecken.

Jetzt ist Helgi wie ausgewechselt. Der Takt im Tölt wird deutlich besser, und obwohl Helgi immer noch nervös ist und im Schritt stark zackelt, lässt er sich gut kontrollieren. Der Trab klappt fast gar nicht. Der Verkäufer sagt mir, dass er bei Helgis aktuellem Ausbildungsstand explizit verhindert hat, dass er trabt, um den Tölt zu festigen. Auf dem Rückweg an einer Strecke, die leicht bergauf geht, kommen im Entlastungssitz trotzdem ein paar Schritte recht schwungvoller Trab zustande. Der Trab geht aber bald über eine Rolle in einen schaukeligen, ein wenig viertaktigen Galopp über.

Ich stelle fest, dass ich den ganzen Ausritt über ein Grinsen im Gesicht habe. Das Pferd ist viel temperamentvoller als ich mir vorgestellt habe, und sein Ausbildungsstand liegt deutlich unter dem, was ich mir ohne Hilfe zutrauen würde – aber nachdem die anfängliche Nervosität sich gelegt hat, fühle ich mich sicher im Sattel. Und obwohl ich immer noch sehr unsicher bin, wie stark ich ihn anfassen darf, macht es einfach nur Spaß, Helgi zu reiten!

Wir fahren wieder heim, ohne eine endgültige Entscheidung getroffen zu haben. Aber schon am nächsten Tag melde ich mich beim Verkäufer und mache den Kauf fest.

Und dann rufe ich Johanna an und bereite sie darauf vor, dass ich in den nächsten Monaten sehr viel Hilfe von ihr brauchen werde. Mein neues Pferd soll eine solide Ausbildung bekommen, bei der mir Johanna mit Rat und Tat zur Seite stehen wird.

---

1 Ich gehe im Rahmen dieses Buches nicht näher auf die Gangarten und die möglichen Taktfehler ein. Eine Beschreibung der Fußfolge der unterschiedlichen Gangarten und der möglichen Taktfehler findet sich zum Beispiel in [2] (siehe Anhang, Abschnitt Literatur).

Johannas Rat:

Beim Pferdekauf beachten

Nicht, dass meine Kaufentscheidung für Helgi vorbildlich rational gewesen wäre. Aber einige Punkte müssen auch bei einer Herzensentscheidung beachtet werden. Johanna hat mir aus ihrer eigenen Erfahrung aus der Zucht und Ausbildung einige wertvolle Tipps gegeben.

Gelegentlich erhält sie einen Anruf von einem potentiellen Kunden, und bekommt ein Traumpferd beschrieben, bei dem sie sich insgeheim denkt, dass sie es erst backen muss. Viele Freizeitreiter wünschen sich ein gut ausgebildetes Pferd aus einer soliden Aufzucht. Das ist auch ein sehr guter Ansatz, denn im besten Fall soll uns ein Pferd viele Jahre begleiten. Was viele werdende Pferdebesitzer dabei aber übersehen, ist dass die Aufzucht und Ausbildung eines guten Freizeitpferds Kosten mit sich bringt, die denen eines Turnierpferds nicht nachstehen. An dieser Stelle sollte nicht gespart werden.

Grundsätzlich rät Johanna, sich vor dem Pferdekauf gut zu überlegen, was man sucht:

- Welches Pferd eignet sich für mich? Wie alt sollte es sein, welches Geschlecht sollte es haben, wie sollte der Ausbildungsstand sein?

Abbildung 12: Helgi als Fohlen

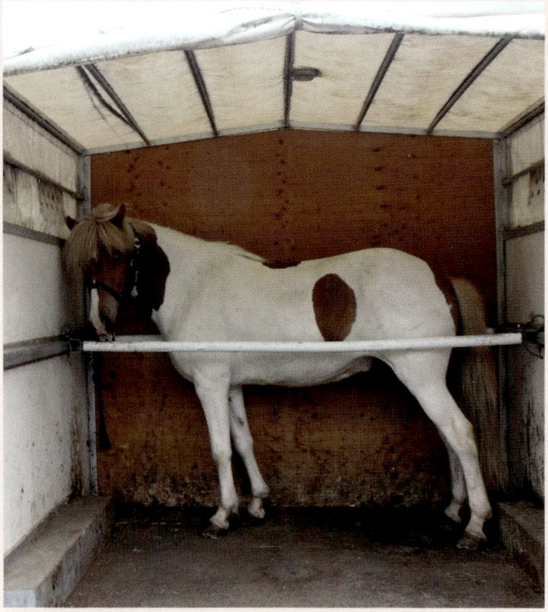
Abbildung 13: Reise in die neue Heimat

Hierzu ist es wichtig, die eigene Reiterfahrung möglichst objektiv zu beurteilen und sich für ein Pferd zu entscheiden, das die eigenen Fähigkeiten nicht überfordert. Ein Pferd, auf dem man sich nicht von vorne herein wohl fühlt, sollte man lieber nicht kaufen.
Die Idee, ein Pferd zu kaufen, mit dem man gemeinsam lernen und sozusagen »hineinwachsen« kann, kann mit einer engmaschigen Unterstützung durch einen erfahrenen Trainer funktionieren. Voraussetzung ist aber, dass der Reiter genügend Vorerfahrung mitbringt. Grundsätzlich gilt: Je jünger und je weniger ausgebildet das Pferd, desto mehr Erfahrung sollte der Reiter mitbringen.

- Wo will ich mit meinem Pferd zukünftig hin? Will ich Turniere reiten, und wenn ja, welche Klasse? Möchte ich Breitensport betreiben, Distanzritte machen? Soll es ein Familienpferd werden?
  Die Anforderungen an Gangvermögen und Charakter des neuen Pferdes sehen natürlich je nach Ziel sehr unterschiedlich aus.

- Wo liegt mein finanzielles Budget?
  Ein hochklassiges Sportpferd wird im Allgemeinen natürlich höherpreisig sein als ein Pferd mit weniger guter Gangveranlagung. Aber auch ein guter Freizeitpartner muss einige wichtige Anforderungen erfüllen und sollte – wie oben schon erwähnt – aus einer guten Aufzucht kommen. Das muss beim Kaufpreis berücksichtigt werden.
  Auch nicht vergessen werden sollte, dass zusätzlich zu Kaufpreis, Ausrüstung, Stallkosten, Tierarzt, Hufschmied, Versicherungen, etc. auch für die Ausbildung von Pferd und Reiter ausreichend Budget eingeplant werden muss. Kompetente Hilfe ist beim Kennenlernen des neuen Pferds oft unerlässlich. Auch sehr erfahrene Reiter holen sich regelmäßig Rat bei anderen Reitern.
  Ein Freizeitreiter mit wenig oder gar keiner Erfahrung in der Jungpferdeausbildung sollte sich vor dem Pferdekauf genau überlegen, ob die notwendige Unterstützung bei der Ausbildung des Pferdes zur Verfügung steht und ob das eingeplante Budget für diese Unterstützung ausreichend ist.

Wenn dann die Entscheidung getroffen ist und das neue Familienmitglied in der neuen Heimat ankommt, rät Johanna dem frisch gebackenen Pferdebesitzer, mit einer positiven Einstellung und dem Mut, bei Bedarf um Rat und Hilfe zu bitten, an die neue Herausforderung heranzugehen. Das Projekt Jungpferdeausbildung ist auf jeden Fall eine spannende Erfahrung.

Sonntag 10.06.

Anfangsschwierigkeiten

Helgis Werdegang: Ein völlig überfordertes Jungpferd

Die Entscheidung war also getroffen, und eine Woche nach dem Proberitt kam Helgi schon zu uns. Er sollte die ersten Tage in der Box verbringen und sich im neuen Stall eingewöhnen, bevor wir ihn in die Herde integrieren wollten. Nachdem wir die neue Umgebung erkundet und Helgi auf der Weide für einige Stunden die Gelegenheit gegeben hatten, sich von der Hängerfahrt zu erholen, schien er am Samstag auch durchaus zufrieden in seiner Box.

Als ich allerdings am heutigen Sonntag in den Stall komme, ist er sehr aufgeregt und kaum als das freundliche, kooperative Pferd wiederzuerkennen, als das ich ihn kennengelernt hatte. Er kommt also erstmal mit Navi, einem alten, sehr gelassenen Wallach zusammen auf die Weide, wo er sich zu beruhigen scheint. Aber als ich ihn nach einer guten Stunde wieder von der Weide hole und im Stall anbinde, um ihn zu putzen, ist er umso aufgeregter. Er tänzelt am Anbindeplatz von einer Seite auf die andere.

Abbildung 14: Helgi begrüßt seine neue Heimat

Nichts scheint ihn zu beruhigen, und er nimmt auch wenig Rücksicht auf mich. Ich versuche ihn trotzdem irgendwie zu putzen und muss gelegentlich ordentlich springen, weil er mich fast umrennt. Ruhig auf ihn einreden hilft nicht, energisch werden auch nicht. Mein neues Pferd ist nicht zu bändigen. Ich werde selbst nervös, was Helgi nur noch mehr aufregt.

Abbildung 15: Navi wirkte beruhigend

Das geht ja gut los – Helgi ist kaum angekommen und schon landen wir in der ersten Krise. Zum Glück steigert er sich aber nicht in eine echte Panik, sondern es bleibt bei der aufgeregten Tänzelei. Schlimm genug, aber nicht wirklich gefährlich für Pferd und Reiter.

Eigentlich war für heute der erste Ausritt geplant. Eine Freundin ist dafür extra in den Stall gekommen, um mich auf ihrem erfahrenen Wallach zu begleiten. An Reiten ist heute aber nicht zu denken. Wir werfen also den ursprünglichen Plan über den Haufen und gehen stattdessen mit Helgi für zehn Minuten in den Longierzirkel. Dort darf er die nervöse Energie an der Longe weg galoppieren. Danach ist er immer noch sehr nervös, aber nicht mehr ganz so explosiv. Wir stellen ihn wieder zu Navi auf die Weide, wo mein armes aufgeregtes Pony dann doch endlich zur Ruhe kommt.
Offensichtlich habe ich ihn heute überfordert – er ist ein junges Pferd und hat wohl den Umzug längst nicht so gut verkraftet, wie es gestern schien. Im Nachhinein ärgere ich mich, dass ich ihn nicht einfach mit Navi auf der Weide gelassen habe, nachdem er in der Box so ganz offensichtlich sehr aufgeregt war. Ich habe einen klassischen Fehler gemacht: Ich bin davon ausgegangen, dass das Pferd, das ich auf dem Proberitt kennengelernt habe, in der neuen Heimat genauso gelassen reagieren wird wie in der vertrauten Umgebung, in der es aufgewachsen ist.

Dass das nicht so ist, hätte ich mir eigentlich denken sollen! Zum Glück ist Helgi grundsätzlich ein freundliches Pferd, so dass trotz seiner Aufregung und meiner Naivität im Umgang damit nichts Schlimmes passiert ist.

Johannas Rat: Ruhe bewahren

Als ich Johanna von Helgis schwierigen »Einstand« erzählte, war sie nicht überrascht. Der Proberitt auf einem jungen Pferd in seiner gewohnten Umgebung, in Begleitung seines bekannten Bereiters und eventuell zusammen mit einem vertrauten Stallgenossen ist eine Idealsituation, die nach dem Pferdekauf so schnell nicht wieder eintreten wird. Johanna fand es nicht ungewöhnlich, dass Helgi auf den Umzug in die neue Umgebung mit Nervosität und scheinbarer Aufsässigkeit reagierte.

In dieser Situation ist es besonders wichtig, die eigene Ruhe zu bewahren und das Thema nicht überzubewerten. Die Idee, Helgi im Longierzirkel die Möglichkeit zu geben, seine Nervosität in Bewegung umzusetzen, fand Johanna richtig. Auch dass Helgi danach die Möglichkeit hatte, sich zusammen mit einem erfahrenen, ruhigen Pferd auf der Weide zu beruhigen, war in diesem Fall offensichtlich eine gute Lösung.

Allerdings ist natürlich Vorsicht geboten, wenn man ein aufgeregtes Pferd mit einem anderen, ihm unbekannten Pferd zusammen auf eine Weide stellt. Falls dies zu gefährlich erscheinenden Aggressionen zwischen den Pferden führt, kann es auch helfen, das Jungpferd anfänglich auf einer benachbarten Weide mit Sichtkontakt zu den zukünftigen Kameraden unterzubringen.

Montag 11.06.

Der erste Ausritt

Helgis Werdegang: Wieder der Alte

Nach der recht erschreckenden Erfahrung von gestern fahre ich heute mit gemischten Gefühlen in den Stall – und werde angenehm überrascht. Helgi durfte heute direkt morgens mit Navi zusammen auf die Weide und ist deutlich gelassener als gestern. Er lässt sich problemlos in den Stall holen und putzen. Auch das Satteln und Auftrensen klappt gut, obwohl

Abbildung 16: Gefährliches Tier beim Nachbarhof

ich die Trense noch an seinem Kopf nachjustieren muss: Helgis Kopf ist viel kleiner als der seines Vorgängers. Und schon wieder muss ich mich über meinen Anfängerfehler ärgern – dass Helgis Kopf so klein ist, ist offensichtlich. Sinnvollerweise hätte ich die Trense angepasst, bevor ich sie dem unerfahrenen Jungpferd über den Kopf ziehe. Zum Glück ist Helgi ein sehr geduldiges Pferd und lässt meine Korrekturversuche gelassen über sich ergehen.

Meine Freundin ist netterweise heute nochmal in den Stall gekommen, um den gestern gescheiterten Ausritt nachzuholen. Ich bin recht nervös als wir losreiten, habe ich doch gestern erlebt, dass Helgi Seiten hat, die ich bisher noch nicht erahnt hatte. Aber der Ausritt läuft richtig gut.
Helgi geht fleißig vorwärts, ist gut kontrollierbar, und kaut sogar gelegentlich zufrieden ab. Selbst an den scheinbar sehr gefährlichen Kühen am Nachbarhof kommen wir gut vorbei, da unser erfahrenes Begleitpferd nicht mit der Wimper zuckt. Heute ist Helgi wieder das Pferd, das ich beim Proberitt kennengelernt habe.

Mir fällt ein Stein vom Herzen.

Johannas Rat:
Dem jungen Pferd Sicherheit geben

Ich hatte mich entschieden, Helgi direkt beim ersten Kennenlernen im Gelände zu reiten, weil er beim Proberitt im Gelände deutlich ruhiger erschien, als auf der Ovalbahn. So musste Helgi zwar mit den neuen Eindrücken der unbekannten Umgebung zurechtkommen, konnte aber auf seine im Laufe seiner bisherigen Ausbildung unter dem Sattel gesammelten Erfahrungen zurückgreifen, ohne sich zusätzlich noch an die Besonderheiten des Reitens auf dem Reitplatz gewöhnen zu müssen.

Johanna fand diese Entscheidung eher riskant. Sie empfiehlt normalerweise nicht, beim ersten Ritt mit einem jungen, noch unbekannten Pferd sofort ins Gelände zu gehen. Ein erstes Kennenlernen innerhalb einer Umzäunung ist für Pferd und Reiter sicherer.

Beim ersten Ausritt ist es dann wichtig, in Begleitung eines älteren, erfahrenes Pferdes zu reiten. Das hatte ich am 11.06. auch getan. So konnte sich Helgi an dem anderen Pferd orientieren und die (echten und eingebildeten) »Gefahren« der neuen Umgebung besser einschätzen. Mit einem jungen Pferd ohne Begleitung ins Gelände zu gehen, ist grundsätzlich nicht zu empfehlen.

Freitag 15.06.

Führen üben

Helgis Werdegang: Zehen in Gefahr

Abbildung 17: Abgelenkt beim Führen

Leider hat sich Helgi beim Versuch der Eingewöhnung in die Herde verletzt und kann erst einmal nicht geritten werden. Auch Biegungen und andere Arten der Bewegung, die zu viel Belastung für das verletzte Bein bedeuten würden, sind bis auf weiteres verboten. Helgi und ich üben also von beiden Seiten Führen neben der Schulter. Das kennt Helgi noch nicht. Sein Züchter hat ihn bisher immer geführt, indem er ihn hat hinter sich gehen lassen (siehe **Übung 1** in Kapitel **Herkömmliche Bodenarbeitsübungen**).

Das Führen von links klappt relativ gut. Helgi geht brav vorwärts und lässt mich an seiner Schulter laufen. Nur wenn es rechts etwas Spannendes zu sehen gibt, biegt er sich nach außen und »fällt« über die Schulter nach links. Ich muss meine Füße schnell in Sicherheit bringen, damit kein Huf darauf landet. Mit leichtem Stupsen an der Schulter und kurzem Annehmen des Führstricks lässt sich Helgi aber schnell wieder geraderichten, und meine Zehen sind wieder in Sicherheit.

Als ich versuche, Helgi von rechts zu führen, wird es schwieriger. Helgi geht konstant mit einer leichten Stellung nach links. Ich muss einen mittleren Eiertanz aufführen, um seinen Hufen zu entkommen. Wenn ich seine Schulter antippe und leicht am Führstrick zupfe, bekomme ich für kurze Zeit eine leichte Innenstellung, und meine Füße sind außer Gefahr. Das kann oder will Helgi aber nicht lange halten, und bald fällt er wieder über die rechte Schulter in meine Richtung. Um Pferd und Reiter nicht allzu sehr zu frustrieren, üben wir also nur sehr kurz von rechts, bevor ich wieder auf seine linke Seite wechsele. Beim nächsten Versuch wird es ein bisschen besser, und über die nächsten Tage machen wir kleine Fortschritte.

Aber so richtig bekomme ich das Thema alleine nicht in den Griff. Das ist etwas, wozu ich Johanna um Rat fragen werde, sobald Helgi fit genug für unsere erste gemeinsame Reitstunde ist.

Johannas Rat:

Abstand halten als Gehorsamsübung

Für Johanna ist das Führen des Pferdes in Partnerposition neben der Schulter eine wichtige Übung, die auch den Gehorsam trainieren soll. Das junge Pferd soll lernen, mit seiner Aufmerksamkeit immer beim Reiter zu bleiben und einen höflichen Abstand einzuhalten. Dazu bietet es sich an, kurze aber intensive Übungseinheiten durchzuführen, in denen die Mitarbeit des Pferdes konsequent eingefordert wird. **Übung 2** im Kapitel **Herkömmliche Bodenarbeitsübungen** geht näher darauf ein, worauf es beim Führen auf Höhe der Schulter ankommt. Wenn das Pferd mit Hilfe dieser Übung nicht überzeugt werden kann, Abstand vom Reiter zu halten, kann dies auch mit Hilfe von **Übung 3** (»Longieren« am Führstrick oder am Zügel) mit einem größeren Abstand zum Reiter trainiert werden. Auch die erste, einfache Stufe von **Übung 9** (Biegung und Schulter-Herein vom Boden) kann hier weiterhelfen.

Insgesamt ist die Kontrolle der Schulter des Pferdes erst vom Boden und später auch vom Sattel aus ein sehr wichtiges Thema, das Johanna im Laufe der Ausbildung immer wieder aufgreift. Siehe dazu auch die **Übung 11** zum Thema »Schulterkontrolle vom Boden«.

Donnerstag 21.06.

Hufe auskratzen

Helgis Werdegang: Gehorsams- oder Gleichgewichtsprobleme?

Nachdem es Helgi langsam wieder besser geht und er das verletzte Bein voll belasten kann, fangen wir wieder mit kleinen Übungen an. Mir war ganz am Anfang schon aufgefallen, dass das mit dem Hufe-Geben bisher überhaupt nicht klappen will. Helgi hebt den Huf zwar auf Anhieb brav an, fängt dann aber gleich an, ihn mir wieder weg ziehen zu wollen.

Was für eine Frechheit. Ich hatte noch nie ein Pferd, das sich beim Hufe Auskratzen so angestellt hat. Kann er denn überhaupt nicht stillstehen? Ich bin erstmal frustriert. Nach all den Jahren Pferdeerfahrung muss ich es doch hinkriegen, einem Pferd die Hufe auszukratzen!

Zum Glück beherrsche ich mich und schaffe es, die Frustration hinunterzuschlucken, ohne sie an Helgi auszulassen. Denn: Wann immer ich einen Huf festhalte, obwohl Helgi ihn mir wegziehen will, fängt er an, auf den anderen drei Beinen zu hüpfen, um sie irgendwie unter seinen Schwerpunkt zu bekommen. Er hat einfach noch nicht verstanden, dass er sein Gewicht erst auf die anderen drei Beine verteilen muss, bevor er mir den Huf geben kann. Alle meine bisherigen Pferde konnten das schon, als ich sie kaufte. Da reichte es, an den Huf zu tippen und zu warten bis sich das Pferd sortiert hatte und mir den Huf gab.

Abbildung 18: Hufe auskratzen

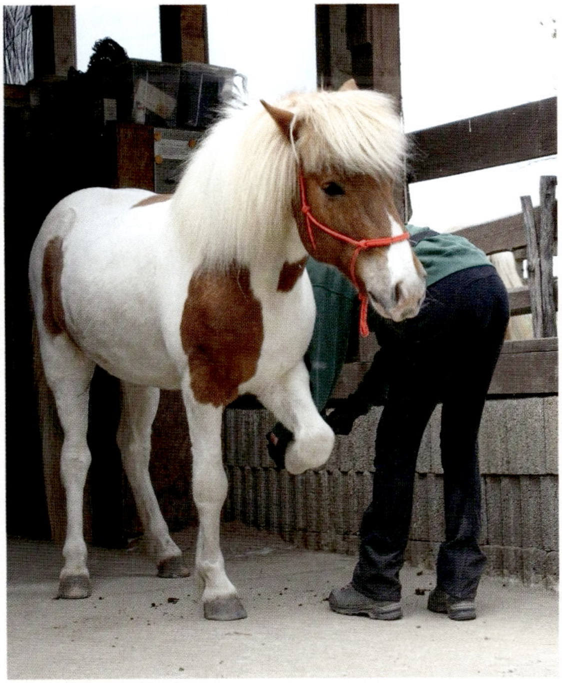

Helgi kann das überhaupt noch nicht. Er hat es immer so eilig zu gehorchen, dass ich den Huf in der Hand habe, bevor er eine Chance hatte, die anderen drei Beine in Position zu bringen. Und da er oft recht unkoordiniert steht und seine Balance insgesamt noch nicht sehr gut ist, kommt er in Schwierigkeiten, wenn ein Bein für mehr als 2–3 Sekunden von der Erde weg ist.

Na sowas. Da ist man stolz auf zwanzig Jahre Erfahrung mit eigenen Pferden und übersieht dann so ein offensichtliches Thema ... Naja. Offensichtlich weiß ich deutlich weniger als ich dachte. Auch eine Erkenntnis.

Ich lasse Helgi also vor dem Hufe-Auskratzen immer erst ein wenig »rangieren«. Den Huf hebe ich erst, wenn ich sehe, dass er sein Gewicht so verteilt hat, dass er gut auf drei Beinen stehen kann. Und siehe da: Jetzt hält er schon viel besser still. Ich habe Zeit, den Huf zumindest grob zu säubern, bevor Helgi wieder ins Schwanken gerät.

Damit Helgi das Stehen auf drei Beinen möglichst stressfrei trainieren kann, übe ich immer mal wieder im Paddock mit ihm. Er steht völlig frei und soll mir nacheinander alle vier Hufe kurz geben. Über die nächsten Tage wird er so deutlich stabiler und findet langsam aber sicher selbst heraus, wie er sich hinstellen muss um mir den Huf geben zu können.[2]

Johannas Rat: Hauptsache, das Ziel wird erreicht

Meine Schwierigkeiten beim Hufe-Auskratzen sind ein schönes Beispiel, warum Johannas Prinzip der Aufmerksamkeit und Flexibilität (siehe Abschnitt **Grundlagen und Prinzipien der Jungpferdeausbildung**) im Umgang mit einem jungen Pferd so wichtig ist: Jedes junge Pferd hat seine eigenen Stärken und Schwächen und braucht eine an seine Bedürfnisse angepasste Ausbildung. Der Reiter sollte sich nicht von kleinen oder größeren Missverständnissen frustrieren lassen, sondern immer gelassen bleiben und nach individuellen Lösungen suchen.

Johanna war durchaus einverstanden mit meiner Idee, das Hufe-Geben frei im Paddock mit Helgi zu trainieren (siehe dazu **Übung 14** im Abschnitt **Übungen mit dem freilaufenden Pferd**). Dass Helgi an dieser Stelle ungewöhnlich viel Hilfe brauchte, fand sie durchaus normal. Andere Pferde werden gegebenenfalls bei anderen Übungen Schwierigkeiten haben, von denen der Reiter nicht erwartet, dass sie zu Missverständnissen führen könnten.

Wichtig ist, dass der Reiter die Ruhe bewahrt und dem Pferd mögliche Lösungen präsentiert. Dabei sollte man ruhig einmal um die Ecke denken und versuchen, auf Umwegen zum Ziel zu kommen (hier z.B. die Idee, mit dem freien Helgi zu trainieren).

Wichtig ist vor allem, das Ziel zu erreichen. Auf welchem Weg das passiert, ist für Johanna zweitrangig.

---

2 So richtig perfektioniert hat Helgi das Hufe-Geben aber selbst am Ende des ersten Ausbildungsjahrs noch nicht. Manche Pferde brauchen eben länger als andere!

Abbildung 19: Ein abenteuerlicher Spaziergang

Samstag 23.06.

Spaziergang mit ungewolltem Abenteuer

Helgis Werdegang: Leichtsinnigkeit und ein Ringkampf mit Helgi

Helgi darf jetzt schon längere Strecken gehen, soll aber noch nicht geritten werden. Wir wagen etwas Neues: Zusammen mit unserem zweiten Pferd Skarpur, den Helgi bisher nur von weitem kennt, machen wir einen kleinen Spaziergang mit Helgi.
Was wir leider nicht einkalkuliert hatten: Auf dem Nachbarhof stehen Pferde auf der Weide, die wild wiehernd auf uns zu galoppieren. Das ist zu viel für Helgis Nerven. Er will unbedingt mitgaloppieren.
Helgi baut sich neben mir auf und vibriert förmlich. Ich werde nervös, was Helgi noch nervöser macht. Tief durchatmen, ruhig bleiben ... Das klappt nur sehr bedingt. Ich versuche Helgis Aufmerksamkeit bei mir zu halten, indem ich Übungen mit ihm mache: Auf Kommando durchparieren, antreten, wieder durchparieren. Helgi macht mit, vibriert aber immer noch.

Wir drehen um und gehen Richtung Stall zurück. Das sieht Helgi aber so gar nicht ein. Er zerrt am Strick und will unbedingt zu den anderen Pferden zurück. Mein Mann geht mit Skarpur vor uns her, bleibt neben uns, geht hinter uns, sozusagen als Barriere zwischen Helgi und den galoppierenden Pferden – nichts hilft. Helgi wird immer ungestümer, und ich kann ihn kaum noch halten. So langsam werden meine Nerven weich. Der Spaziergang war offensichtlich ein Fehler, und einer, der sich so einfach nicht korrigieren lässt. Wir sind nur circa dreihundert Meter vom eigenen Stall entfernt, aber diese dreihundert Meter erscheinen im Augenblick wie ein fast unüberwindliches Hindernis.

Helgi wirft sich mit aller Macht gegen den Führstrick und zerrt mich hinter sich her. Meine Versuche, ihn mit Übungen abzulenken, werden immer weniger effektiv. Als ich dann einmal auf dem nassen Gras am Wegesrand ausrutsche, zerrt Helgi mich von den Füßen und rennt ein paar Meter in Richtung der anderen Pferde, bevor er stehen bleibt. Ich komme mit zitternden Knien wieder auf die Beine und gebe auf. Mein Mann übernimmt den Führstrick und setzt sein höheres »Kampfgewicht« ein, um Helgi zur Raison zu bringen, während ich mit Skarpur dicht neben den beiden bleibe.

Nach ein paar vergeblichen Versuchen, meinen Mann genauso hinter sich her zu ziehen wie vorher mich, lässt sich Helgi dann doch brav nach Hause führen. Dort angekommen atmen alle Beteiligten erstmal tief durch und beruhigen sich wieder.

Alle außer Skarpur – den hatten die Sperenzien des verrückten Jungpferdes so gar nicht beeindruckt.

Ich lasse den Nachmittag an mir vorbeiziehen und bin etwas niedergeschlagen. Das geht ja gut los... In den letzten beiden Wochen hatte ich das Gefühl gewonnen, Helgi schon recht gut kennengelernt zu haben. Das heutige unfreiwillige Abenteuer hat mich eines Besseren belehrt. Jetzt frage ich mich, ob das wohl gut gehen wird mit meinem jungen Pferd und mir.

Johannas Rat: Sicherheit geht vor

Johanna hörte sich meinen Bericht von unserem Abenteuer an und nickte gelassen. Sie sagte mir, was ich mir eigentlich selbst hätte denken sollen: Auch wenn das junge Pferd sich im heimatlichen Stall schon sehr ruhig und gehorsam verhält, kann es immer passieren, dass es sich von unerwarteten Ereignissen aus der Fassung bringen lässt. Das kann auch in der gewohnten Umgebung passieren, ist aber natürlich im unbekannten Gelände wahrscheinlicher.

Johanna bestätigte, dass es eine gute Idee war, Skarpur mit auf den Spaziergang zu nehmen. Offensichtlich war es in dieser Situation aber nicht genug, um Helgi zu beruhigen. Auch die

Abbildung 20: Im Longierzirkel laufen lassen

Idee, Helgi mit einer Konzentrations- und Gehorsamsübung (Durchparieren und Antreten, siehe **Übung 2** in Kapitel **Herkömmliche Bodenarbeitsübungen**) abzulenken, war ihrer Ansicht nach gut.

Aber wie die Situation gezeigt hat, kann es bei der Arbeit mit dem jungen Pferd auch einmal vorkommen, dass keine der ausprobierten Lösungen zum Ziel führt. Wenn das passiert, ist es wichtig, zuallererst die eigene Sicherheit und die Sicherheit des Pferdes zu berücksichtigen und den Konflikt so schnell wie möglich zu beenden.

Hier kommt es nicht darauf an, sich durchzusetzen und/oder dem Pferd Benimm beizubringen, sondern nur darauf, dass alle Beteiligten heile nach Hause kommen. An Vertrauen und Gehorsam arbeitet man dann wieder, wenn die brenzlige Situation vorbei ist und Pferd und Reiter sich beruhigt haben.

Einfacher wäre es natürlich gewesen, wenn die Situation erst gar nicht aufgekommen wäre. Johanna hätte in dieser Situation empfohlen, das Training mit Helgi nach seiner Verletzungspause erst dann wieder zu beginnen, wenn der Tierarzt ihn wieder völlig für gesund erklärt hatte. Dann hätte ich Helgi erst einmal im Longierzirkel fleißig vorwärts gehen lassen können, damit er seine überschüssige Energie abbauen konnte.

Juli/August

Hilfen verstehen, Abkauen, Hilfen-Zusammenspiel

Abbildung 21: Einseitige Zügelhilfen

Helgis Werdegang: Ein spannendes Auf und Ab

Nachdem Helgi von seiner Verletzung wieder genesen war, hatten wir Anfang Juli das erste Training bei Johanna. Anfangs war es noch fast unmöglich, auf dem Reitplatz Biegungen zu reiten. Ich bekam vor Augen geführt, was für ein himmelweiter Unterschied zwischen einem fertig ausgebildeten Pferd und einem Jungpferd besteht. Mit Helgis Vorgänger war ich es gewohnt, eine Übung abzufragen und eine mehr oder weniger korrekte Ausführung angeboten zu bekommen. Wie sich schnell herausstellte, war es eine ganz andere Herausforderung, dem jungen, unerfahrenen Helgi diese Übungen beizubringen.

Die ersten Monate wurden zu einer Achterbahnfahrt der Gefühle. Ich war immer wieder erstaunt, wie schnell Helgi lernte. Eine Übung, die gestern noch so gar nicht klappen wollte, konnte heute schon laufen wie am Schnürchen. Genauso schnell konnte es aber auch passieren, dass eine eigentlich schon gelernte Übung wieder schwierig wurde.

Aber solange ich mich darauf konzentrierte, kleine Schritte zu machen und Helgi nie zu überfordern, kamen wir in dieser Zeit gut voran.

Johannas Rat:

Die Hilfen einzeln erklären

In den ersten Wochen der Ausbildung eines jungen Pferdes konzentriert sich Johanna darauf, Respekt und Vertrauen zwischen Pferd und Reiter aufzubauen und dem Pferd die grundlegenden Hilfen zu erklären. Als Helgi zu mir kam, war er noch in dieser ersten Phase seiner Ausbildung. Er wusste schon, dass ein beidseitiger Schenkeldruck bedeutet, dass er vorwärts gehen soll. Auch dass ein Annehmen beider Zügel ein Durchparieren zur Folge hat, hatte er verstanden. Mit einer einseitigen Zügelhilfe lenken ließ er sich, wenn er einen Sinn darin sah (z.B. ein Hindernis auf dem Weg umgehen oder auf einen anderen Weg abbiegen). Auf dem Reitplatz Volten oder Zirkel reiten klappte anfangs hingegen noch nicht so gut, und Geradeauslaufen in Biegung verstand er noch gar nicht.

Johanna legt in dieser Phase Wert darauf, das junge Pferd nicht mit zu vielen gleichzeitigen Hilfen zu verwirren. Um vom Hufschlag abzuwenden wird zum Beispiel nur der innere Zügel verwendet, während der äußere Zügel nur weich anliegt oder sogar durchhängt.

Die Schenkel werden anfangs nicht gleichzeitig mit den Zügelhilfen eingesetzt. Auch hier gilt, dass der seitwärtstreibende oder für eine Biegung eingesetzte Schenkel erst einmal ohne den verwahrenden äußeren Schenkel einwirken soll.

So lernte Helgi, die einzelnen Hilfen zu befolgen, ohne gleich zu Anfang die Feinheiten der späteren Hilfengebung verstehen zu müssen. Nach dem ersten Monat der Arbeit unter Johannas Anleitung war dieses Grundverständnis vorhanden. Danach konnten wir anfangen, am Abkauen und am Zusammenspiel der inneren und äußeren Hilfen zu arbeiten.

Johanna rät in dieser Phase, dem Pferd eine Übung immer erst am Boden zu erklären (siehe dazu die Übungen im Abschnitt **Herkömmliche Bodenarbeitsübungen**), bevor die gleiche Lektion im Sattel wiederholt wird (siehe Abschnitt **Übungen im Sattel**).

Wichtig ist auch, dem jungen Pferd immer ausreichend Abwechslung zu bieten. Johanna legte Wert darauf, dass ich neben der Arbeit auf dem Reitplatz auch häufig mit Helgi ins Gelände ging – anfangs natürlich nur in Begleitung eines anderen Pferdes.

Montag 02.07.

Die erste Reitstunde

Helgis Werdegang: Gerade Linien ja, Biegungen nein

Abbildung 22: Ganze Bahn reiten klappte schon gut

Ich hatte in der letzten Woche kurz mit Johanna gesprochen und eine »Hausaufgabe« bekommen: Ich sollte Helgi einmal auf dem Platz reiten, damit er in der ersten Reitstunde mit dieser Idee schon vertraut ist. Bisher kennt er das Geritten-Werden ja nur im Gelände. Er tat sich gestern bei unserem ersten Versuch auf dem Reitplatz auch entsprechend schwer.

Geradeaus an der Bande entlang laufen ging gut, aber von der Bande wegreiten war eine echte Herausforderung. Jeder Versuch, auf dem Zirkel oder gar eine Volte zu reiten, führte schon im Schritt zu einer sehr eirigen Linie. Im Tölt waren gebogene Linien ein Ding der Unmöglichkeit, und Traben klappte auf dem Platz überhaupt nicht.

In der heutigen ersten Reitstunde geht es ausschließlich darum, Helgi das Grundverständnis der Hilfen zu vermitteln. Erst am Boden, dann im Sattel. Wichtig ist dabei der Merkspruch: **Hand ohne Bein, Bein ohne Hand**.

Und auch die verwahrenden Hilfen in Biegungen sollen, wenn überhaupt, nur sehr vorsichtig eingesetzt werden. Also bei der Bodenarbeit immer nur einen Zügel zum Abwenden einsetzen – das ist erstmal gar nicht so einfach, nachdem ich mich jahrelang darauf gedrillt habe, den verwahrenden Zügel nicht zu vergessen ...

Im Sattel wird's dann noch komplizierter, weil auch die Schenkelhilfen beim Abwenden erstmal nicht oder nur sehr spärlich eingesetzt werden sollen. Ich mache mich also daran, alle meine mühsam erworbenen Reitinstinkte wieder abzubauen.

Auch das Schenkelweichen gestaltet sich kompliziert: Pferd zur Bande stellen, Zügel nachgeben, mit dem Schenkel seitwärts treiben. Nein, der verwahrende Zügel wird **nicht** eingesetzt, und der verwahrende Schenkel auch nicht! Und wir arbeiten auch nicht an der richtigen

Haltung, oder überhaupt an irgendwas anderem als einen einzelnen, halbwegs ordentlichen Seitwärtsschritt mit der Hinterhand zu erreichen. Dann schnell wieder geradeaus reiten, um Helgi nicht zu überfordern.

Oh je, das ist ja ein ganz anderes Reiten als ich es gelernt habe. Da muss ich mich erstmal dran gewöhnen.

Auch ungewohnt: Helgi reagiert viel stärker auf meine Gewichtshilfen, als sein Vorgänger das tat. Das ist einerseits natürlich sehr gut, andererseits aber auch gewöhnungsbedürftig für mich. Sobald ich leicht schief sitze, lässt Helgi mich das wissen, indem er vom Hufschlag wegdriftet. Also immer schön über dem Schwerpunkt sitzen! Als Gewichtshilfe reicht ein leichtes Austreten des jeweiligen Steigbügels, und schon tritt Helgi seitwärts.

Ui, nach der ersten Reitstunde ist mir jetzt deutlich klar, dass ich mindestens genauso viel lernen muss, wie Helgi!

Johannas Rat:
Dem Zügel folgen, dem Schenkel weichen

*Wie oben schon erwähnt, legt Johanna viel Wert darauf, einem jungen Pferd die Hilfen anfangs nur einzeln zu erklären. Das Pferd soll die Signale des Reiters klar auseinanderhalten und einzeln interpretieren können. Es lernt, **dem Zügel zu folgen** und **dem Schenkel zu weichen**.*

Abbildung 23: Dem Schenkel weichen

Wichtig dabei ist, dass das junge Pferd anfangs immer sofort belohnt wird, wenn es etwas richtig macht. Das können auch kleine Reaktionen sein, z.B. der Zügelhilfe folgend ein Schritt weg vom Hufschlag, oder dem Schenkel weichend ein Seitwärtsschritt mit der Hinterhand. Die Hilfe hört dann sofort auf, und das Pferd darf sich kurz entspannen. So bekommt es sofort eine Rückmeldung, dass es die Übung richtig ausgeführt hat und kann sich diese richtige Reaktion merken.

Sonntag 15.07.

Ausritt mit Trab

Helgis Werdegang: Und er trabt doch!

Johanna ist die nächsten beiden Wochen in Urlaub und hat Helgi und mir viele Hausaufgaben aufgegeben. Unter anderem sollen wir im Gelände das fleißige Vorwärtsgehen üben und versuchen, den Trab »heraus zu kitzeln«. So richtig trauen mein Mann und ich uns aber noch nicht, zusammen auszureiten. Unser zweites Pferd Skarpur hat viel Temperament und duldet ungerne andere Pferde neben sich. Wir möchten nicht riskieren, in eine Situation zu geraten, die wir nicht beherrschen können.

Zum Glück ist an diesem Wochenende Reitkurs mit einem externen Trainer. Am zweiten Kurstag erklärt sich dieser Trainer freundlicherweise bereit, auf Skarpur mit mir auszureiten. So haben die beiden Pferde Gelegenheit, sich aneinander zu gewöhnen, bevor mein Mann und ich das erste Mal zusammen ausreiten gehen.

Abbildung 24: Trab im Gelände

Es stellt sich schnell heraus, dass Helgi und Skarpur in etwa das gleiche Grundtempo haben. Skarpur scheint auch deutlich weniger widerwillig, den Jungspund neben sich zu dulden, als er es mit Helgis Vorgänger war. So entwickeln sich glücklicherweise keine Wettrennen. Das lässt hoffen, dass mein Mann und ich zukünftig auch zusammen ausreiten können, ohne uns größere Sorgen machen zu müssen. Gut zu wissen!

Mein Trainer lässt mich viel an der Tempokontrolle arbeiten: Zulegen, zurücknehmen, Skarpur überholen, dann durchparieren und ruhig warten bis Skarpur an uns vorbeigegangen ist. Beide Pferde scheinen diese Übung schwierig zu finden, machen aber gut mit. Wir wechseln das Thema, bevor die Pferde allzu nervös werden.

Jetzt wird ein kurzes Stück bergauf galoppiert. Dann soll ich im leichten Sitz durchparieren und hoffen, dass der Trab kommt. Und siehe da: Es klappt! Helgi trabt für ein paar Schritte im sauberen Zweitakt, bevor er zu rollen[3] anfängt. Dafür, dass er unter dem Sattel eigentlich gar nicht traben will, hat der Kleine einen sehr schönen, schwungvollen Trab!

Ich freue mich mal wieder, was ich da »aus Versehen« für ein schönes Pferd gekauft habe.

Johannas Rat: Geländereiten ist wichtig

Für Johanna ist das Training im Gelände eine wichtige Ergänzung zur Arbeit auf dem Reitplatz oder in der Reithalle. Nicht nur macht dies das Training für das Pferd abwechslungsreicher und interessanter. Es bietet auch dem Reiter die Gelegenheit, das Geradeauslaufen und zügige Vorwärtsgehen mit dem jungen Pferd zu trainieren (siehe **Übung 37** im Abschnitt **Übungen im Gelände**). So bleibt dem Pferd der Spaß am fleißigen Vorwärtsgehen erhalten, und damit auch der nötige Schwung und die Energie für die Arbeit unter dem Reiter. Das ist ein wichtiger Teilaspekt der Grundlage **Kontrolle über Richtung und Tempo** (siehe Abschnitt **Grundlagen und Prinzipien der Jungpferdeausbildung**).

Auch für das Training der verwahrenden Hilfen und des Zügelgehorsams bietet sich das Gelände an, zum Beispiel das Vorbeireiten und Durchparieren (**Übung 36** im Abschnitt **Übungen im Gelände**), das der Gasttrainier am 15.07. mit Helgi und mir geübt hat. Gleichzeitig zeigt diese Übung dem jungen Pferd, dass es nicht allein im Gelände zurückgelassen wird, weil das andere Pferd ja immer wieder wartet. Dadurch kann es Gelassenheit aufbauen und sich darauf einlassen, dem Reiter zu vertrauen.

Und nicht zuletzt eignet sich die Arbeit im Gelände besonders gut dazu, die einzelnen Gangarten abzurufen. Gerade bei einem jungen Islandpferd findet Johanna es wichtig, dass sowohl der Trab als auch der Tölt regelmäßig trainiert werden, damit sich das Pferd nicht auf eine der beiden Gangarten »einläuft« und die andere Gangart verliert. Daher sollte ich mit Helgi den Trab möglichst von Anfang an im Gelände trainieren, um ihn mittelfristig auch auf dem Reitplatz abrufen zu können.

3 Eine (Galopp-)Rolle im Trab oder Tölt ist eine Taktverschiebung aus dem Zwei. bzw. Viertakt in Richtung eines unsauberen Dreitakts.

Freitag 20.07.

Abkauen und beidseitiger Zügel

Helgis Werdegang: Kleine Tricks erleichtern die Arbeit

Heute machen wir eine andere Hausaufgabe, die Johanna uns für ihren Urlaub aufgegeben hat: Abkauen im Stand und im Schritt, erstmal nur vom Boden. Ich komme mit der Leckerli-Tasche »bewaffnet«: Zügel aufnehmen, Leckerli geben, am Zügel spielen bis Helgi im Genick nachgibt.

Abbildung 25: Nachgeben nach dem Abkauen

Da Helgi ohnehin schon auf dem Leckerli kaut, versteht er schnell was er tun soll. Wichtig: Sofort nachgeben, sobald Helgi richtig reagiert.

Jetzt kommt die nächste Schwierigkeitsstufe: Antreten und im Schritt mit beidseitig aufgenommenen Zügeln spielen, um Helgi zum Nachgeben zu überreden. Das versteht er noch nicht – bisher hatten wir ja immer nur einseitige Zügelhilfen – so dass ich erst nochmal zum Halt durchpariere und die Übung im Stand wiederhole. Das klappt jetzt schon ohne Leckerli, der Kleine lernt schnell. Der nächste Versuch im Schritt ist nicht perfekt, aber deutlich besser als beim ersten Mal. Daher kommt jetzt ein Themawechsel, damit Helgi sich den Erfolg merkt.

Wir legen nochmal »eine Schippe drauf« und ich setze in der Biegung den äußeren Zügel als Begrenzung mit ein. Wir üben Geradeauslaufen, Volten und Gehen in Innenstellung, immer mit dem weich anstehenden äußeren Zügel. Helgi macht konzentriert mit und kaut gelegentlich mal ab. Ich bin ganz stolz auf mein gelehriges Pony!

Aber als ich versuche, das Schenkelweichen/Seitwärtstreten mit dem weich anstehenden äußeren Zügel zu üben, macht Helgi sich steif und fängt an, mit den Vorderbeinen zu hüpfen als wollte er steigen. Bin ich zu hart mit dem äußeren Zügel? Mache ich zu viel am inneren Zügel? Ich bin mir sehr unsicher. Daher gehen wir lieber eine Stufe zurück und üben das Schenkelweichen ohne den äußeren Zügel. Das hat schon einmal besser geklappt, aber immerhin geht Helgi einen Schritt seitwärts, ohne dabei zu hüpfen.

Wie gut, dass Johanna bald aus dem Urlaub zurückkommt. Ich möchte gern mit der Übung weiterkommen. Aber momentan besteht die Gefahr, dass ich Helgi so sehr verwirre, dass er sich das Steigen angewöhnt. Das will ich auf jeden Fall vermeiden.

Johannas Rat: Zusammenspiel der Zügelhilfen

Das Abkauen ließ mich Johanna im Juli angehen, weil Helgi nach den ersten sechs Wochen Training zu diesem Zeitpunkt die einzelnen Hilfen gut verstanden hatte. Jetzt fand sie es an der Zeit, ihm das Zusammenspiel der Zügelhilfen zu erklären. Hierzu gehörte zunächst das Abkauen und dann der nächste Schritt in den Bodenarbeitsübungen **Übung 4** (Zügelarbeit), **Übung 6** (seitliches Weichen) und **Übung 9** (Biegung) aus dem Abschnitt **Herkömmliche Bodenarbeitsübungen**. Bei diesen Übungen, die wir bisher immer mit dem einseitigen Zügel ausgeführt hatten, kam jetzt der begrenzende äußere Zügel dazu.

Wenn es Pferd oder Reiter das Verständnis einer Übung erleichtert, arbeitet Johanna gerne mit kleinen Hilfsmitteln. Das Leckerli, mit dem ich Helgi das Abkauen (siehe **Übung 8**) erklären sollte, ist ein Beispiel für ein solches Hilfsmittel: Dadurch, dass das Pferd ohnehin schon kaut, wird ihm das Loslassen im Genick intuitiv leichtfallen. So kommt das Pferd schnell zu dem Punkt, wo es die gewünschte Reaktion zeigt, und durch ein Nachgeben des Zügels belohnt werden kann. Dadurch wird vermieden, dass das Pferd sich gegen den ungewohnten Zügeldruck wehrt, und die positive Motivation bleibt erhalten.

Samstag 11.08.

Balance finden; Tölt schwierig, Trab besser

Helgis Werdegang: Aha-Effekt

Johanna ist aus dem Urlaub zurück, und ich berichte ihr von meinen Schwierigkeiten mit dem Seitwärtstreten mit anstehendem äußerem Zügel. Johanna guckt sich an, wie ich mit Helgi übe, und sieht sofort den Fehler: Ich setze sowohl vom Boden aus als auch im Sattel zu viel seitwärtstreibende Hilfen ein.

Ich bin baff. Da hatte ich mir Sorgen gemacht, ich würde zu viel mit dem Zügel machen oder wäre vielleicht zu hart in der Hand – und das Problem liegt an einer ganz anderen Stelle!

Abbildung 26: Beginnende Biegung

Sobald ich die treibende Hilfe auf ein Minimum reduziere, tritt Helgi brav und problemlos seitwärts.

Eigentlich hätte ich mir das denken können: Zwar sollte ich jetzt anfangen, den inneren und äußeren Zügel zusammen einzusetzen, aber für das Zusammenspiel der Schenkel- und Zügelhilfen ist es noch zu früh. Manchmal bin ich einfach betriebsblind. Ich bin einmal mehr froh, dass ich Helgis Ausbildung nicht allein angehen muss. Johannas heutiger Rat hat mir viel potentielle Frustration erspart.

Zu Beginn der Reitstunde lässt Johanna mich heute zum Lösen viele Richtungswechsel reiten, damit Helgi konzentriert bei der Sache bleiben muss und sein Gleichgewicht finden kann. Auch hier setze ich wieder instinktiv die Zügel und Schenkel gleichzeitig ein, versuche in der Kurve die Biegung zu formen. Statt sich dadurch besser zu biegen, macht Helgi sich steif. Sobald ich ihn aber in der Biegung in Ruhe lasse, balanciert er sich aus und wird locker.

Merke: Kein Micromanagement, Sigrid! Das verwirrt den armen Helgi nur.

Jetzt kommt die nächste Schwierigkeitsstufe: Geradeauslaufen mit Biegung im Hals. Ich reite die eine oder andere unfreiwillige Volte, bevor die Kommunikation soweit stimmt, dass Helgi versteht, dass er nicht abwenden soll. Das müssen wir wohl noch üben! Ich vergesse zu häufig die Gewichtshilfe. Sobald ich den äußeren Steigbügel minimal mehr belaste als den inneren, folgt Helgi dem Reitergewicht und geht in Biegung geradeaus.

Und noch ein Aha-Erlebnis habe ich heute: Der bisher immer so schöne Tölt ist heute schwierig zu erreichen. Helgi trabt sogar einmal aus. Huch! Sonst wollte er doch auf dem Reitplatz gar nicht traben.

Johanna lässt mich den Tölt noch einmal korrigieren, bevor wir die Gunst der Stunde nutzen, um den Trab zu trainieren. Das klappt erstaunlich gut, solange ich die Zügel durchhängen lasse. Sobald ich Kontakt zum Maul aufnehme ist Helgi aber wieder im spannigen Tölt. Ich bin in Versuchung, die Zügel wieder wegzuwerfen, aber das ist die falsche Lösung. Stattdessen soll ich eine halbe Runde tölten, bis Helgi locker wird und ich ihm wieder den Trab anbieten kann. Das klappt dann nach kurzem Zögern auch sehr gut.

Zum Abschluss wird dann noch einmal kurz der Tölt trainiert.

Abbildung 27: Trab mit lockerer Zügelverbindung

Johannas Rat: Mit dem Gleichgewicht spielen

Johanna nutzt gerne Richtungswechsel (siehe **Übung 30** im Abschnitt **Übungen im Sattel**) um zu erreichen, dass das junge Pferd sein Gleichgewicht bei jeder Wendung neu organisiert. Das ist hilfreich, wenn sich das Pferd nicht im korrekten Gleichgewicht befindet und zum Beispiel deutlich auf der Vorhand läuft. Die Richtungswechsel bringen das Pferd dann aus dem »falschen« Gleichgewicht, so dass es sich selbst korrigiert und in die korrekte Balance kommt. So ist es gut auf den nächsten Richtungswechsel vorbereitet.

Dabei achtet Johanna immer darauf, dass der Reiter es dem Pferd selbst überlässt, die richtige Balance zu finden. Zu viele Korrekturen durch den Reiter stören das Pferd eher in seinem Gleichgewicht, als dass sie ihm helfen.

Unter Umständen kann es auch vorkommen, dass das Pferd durch die Richtungswechsel eher noch mehr aus der Balance kommt. Es fällt dann auf die Vorhand und macht sich steif. Wie bei allen Übungen mit dem jungen Pferd gilt also auch hier, dass Reiter und Trainer den Effekt einer Übung immer aufmerksam im Blick behalten und gegebenenfalls flexibel reagieren müssen. Wenn die Richtungswechsel nicht zum gewünschten Ziel führen, nutzt Johanna zum Beispiel Seitengänge oder Tempounterschiede, um das Pferd zu lösen.

Nicht nur, aber vor allem auch beim Reiten von vielen Wendungen achtet Johanna darauf, dass der Reiter in Balance sitzt und die seitwärts-führenden Hilfen richtig dosiert.

Eine gelegentliche »Fehlkommunikation« wie die oben beschriebene unfreiwillige Volte beim Geradeausreiten in Biegung ist natürlich kein Beinbruch. Johanna lässt dann den Reiter seine eigene Hilfengebung überprüfen und anpassen, bis Pferd und Reiter sozusagen den gemeinsamen Nenner gefunden haben.

Da Helgi am 11.08. ausnahmsweise einmal den Trab suchte, ließ Johanna mich dieses Angebot nutzen, um an dieser für Helgi anfangs sehr schwierigen Gangart zu arbeiten. Wie auch der weiter oben beschriebene »Trick« mit dem Leckerli beim Abkauen war dies eine Möglichkeit, Helgi die geforderte Reaktion (also hier den Trab) zu erleichtern. Wichtig ist dabei, dass das Pferd nicht lernt, dass es sich aus einer Übung »herausmogeln« kann, indem es eine andere Übung anbietet. Daher ließ Johanna mich den Tölt korrigieren, bevor wir zum Trab übergingen. Auch im Anschluss an die neue Übung rät Johanna, noch einmal kurz zur ursprünglichen Aufgabe (hier also dem taktklaren Tölt) zurück zu kommen, um sie weiter zu festigen.

Donnerstag 30.08.

(Zügel-) Gehorsam

Helgis Werdegang: Was sich so alles einschleicht in kurzer Zeit!

In den letzten zweieinhalb Wochen gab es keine Reitstunden, weil Johanna viel auf Kursen unterwegs war. Prompt haben sich bei Helgi und mir einige kleine und größere Fehler eingeschlichen.

Helgi lehnt sich gerne einmal auf den linken Zügel statt sich zu biegen, im Tölt kämpfen wir mit einer hartnäckigen Rolle, und im Gelände haben wir gelegentlich Diskussionen bei der Tempokontrolle und beim Durchparieren.
Johannas Vorab-Diagnose: Helgi hat sich eingelebt und ist gut im Training. Er fühlt sich jetzt sicher genug, um anzufangen, seine Grenzen auszutesten.
Und richtig – beim Aufsteigen demonstriert Helgi gleich, dass Johanna den Nagel auf den Kopf getroffen hat: Er hampelt herum und will nicht stillstehen.

Also wird erstmal das Aufsteigen geübt. Johanna lässt mich mit dem Pferd an die Bande gehen, um sie als Begrenzung zu nutzen. Helgi ist zappelig und bleibt immer nur kurz stehen, will dann nach dem Aufsteigen immer gleich loslaufen. Nach einigen Versuchen klappt das Aufsteigen dann aber doch. Wir loben Helgi und gehen zur nächsten Übung über.

Abbildung 28: Aufsteigen an der Bande

Und auch hier gibt es gleich wieder Schwierigkeiten: Beim Versuch, aus dem Schritt zum Halt durchzuparieren, legt Helgi sich auf den Zügel und läuft für ein paar Schritte einfach weiter, bevor er dann doch widerwillig stehen bleibt. Heute ist aber so richtig der Wurm drin! Helgi scheint sich in den Kopf gesetzt zu haben, Johanna gleich alle unsere aktuellen Knackpunkte auf einmal demonstrieren zu wollen.

Das ist einerseits natürlich sehr gut – so sieht Johanna sofort wo es klemmt und kann mir die richtigen Tipps geben. Andererseits komme ich mir schon ein wenig blöd vor, dass sich nach so einer kurzen Zeit schon so viele Fehler eingeschlichen haben.

Johanna lässt mich am durchparieren arbeiten. Die Übung wird mit einem ruhigen aber bestimmten »Ho« eingeleitet. Dann kommt die Zügelhilfe, und ich lege die Gerte an Helgis Schulter, um auf Dauer diese Hilfe als zusätzliches Signal zum Durchparieren zu etablieren. Wenn Helgi sich auf den Zügel legt, soll ich ihn sofort gegen die Bande stellen und so zum Halt parieren.

Mit Stellung klappt das Durchparieren viel besser – aber leider ist das alte Thema gleich wieder da, als ich das nächste Mal versuche, den geradegerichteten Helgi durchzuparieren.

Das kann so natürlich nicht bleiben. Also runter vom Pferd, und Johanna trainiert mit Helgi am Boden. In den nächsten paar Minuten lernt Helgi die Bedeutung des Wortes »Ho« noch einmal neu kennen.

Johanna gibt das Stimmkommando, nimmt die Zügel an, und wenn Helgi sich auf den Zügel legt und weiterläuft (was er anfangs noch tut), tippt sie ihm mit der Gerte auf die Brust, bis er sich durchparieren lässt und einen Schritt rückwärts macht. Das versteht er schnell und macht bald brav mit, so dass Johanna die Hilfe mit der Gerte weglassen kann. Ich übernehme die Zügel und übe das Ganze ein paarmal bevor ich wieder aufsitze. Und siehe da: jetzt lässt sich Helgi auch vom Sattel aus wieder problemlos durchparieren.

Puh, Problem gelöst. Das muss ich über die nächsten Tage fleißig weiter üben, damit sich der Fehler nicht gleich wieder einschleichen kann.

Zum Abschluss der Stunde gibt es einen Thema-Wechsel: Zügig vorwärtsreiten im Tölt. Das entspannt und verhindert, dass Helgi anfängt »rückwärts zu denken«.

Johannas Rat: Diskussionen um den Gehorsam

Johanna findet kleine Diskussionen um den Gehorsam bei einem jungen Pferd durchaus nicht außergewöhnlich. So eine Diskussion führt sie in Ruhe zu Ende. Wichtig ist dabei, den Zügel immer früh genug zu lösen, damit erst gar kein Druck aufgebaut wird, gegen den das Pferd sich wehren möchte.

Die erste dieser Diskussionen, die Helgi und ich am 30.08. geführt haben, über das Stillstehen beim Aufsitzen, konnte mehrere Ursachen haben. Zuerst ließ Johanna mich meine eigene Körpersprache überprüfen: Wenn ich zu weit vom Pferd entfernt stand, interpretierte Helgi dies als treibende Hilfe und wich zur Seite. Nachdem diese mögliche Ursache behoben war und Helgi immer noch nicht stehen blieb, sollte ich die Bande als Begrenzung nutzen. Wenn auch das nicht geholfen hätte, hätte sich Johanna gegebenenfalls an Helgis Kopf gestellt und ihn bei Bedarf am Zügel gehalten, um einmal zu einem korrekten Aufsteigen zu kommen und das durch einen Themawechsel belohnen zu können.

Das nächste Thema dieses Tages, das Durchparieren, ist eine fundamentale Grundlage der Reiterei. Johanna legt daher sehr viel Wert darauf, das Thema sofort gründlich in den Griff zu bekommen, wenn in diesem Bereich Missverständnisse mit dem Pferd aufkommen.

Abbildung 29: Zügelgehorsam trainieren

Dabei betont sie zwei Punkte, die besonders zu beachten sind:

1) Das Pferd sollte nicht mit der Zügelhilfe »überfallen« werden. Zwischen dem vorbereitenden Stimmkommando und der verwahrenden Gewichtshilfe einerseits, und der Zügelhilfe andererseits, muss das Pferd genug Zeit haben, sich auf das Durchparieren vorzubereiten.

2) Dabei sollte das Pferd erst gar keine Gelegenheit bekommen, sich auf den Zügel zu legen. Der Reiter soll also nicht einfach gegenhalten, wenn das Pferd das versucht, sondern muss einen anderen Weg suchen – zum Beispiel das Stellen gegen die Bande, wie ich es am 30.08. mit Helgi tun sollte.

Um in dieser Situation einen Konflikt zu vermeiden, ließ Johanna mich am 30.08. gleich mehrere Schritte im Schwierigkeitsgrad der Übung zurück machen, als Helgi nicht sofort korrekt auf die ersten Korrekturversuche reagierte. Nachdem das Durchparieren im Sattel (siehe **Übung 21** im Abschnitt **Übungen im Sattel**) auch in Stellung nicht durchschlagend zum Erfolg führte, schwenkte sie zur grundlegenden Arbeit am Boden um (**Übung 4** im Abschnitt **Herkömmliche Bodenarbeitsübungen**) und erklärte Helgi so das Durchparieren neu.

September / Oktober

Schritte verkürzen, Schweinepass, Vorwärts-Gehen

Abbildung 30: Schweinepass

Helgis Werdegang: Plateauphase und Frustration

Die anfangs noch so deutlichen Fortschritte in Helgis Ausbildung verlangsamten sich im dritten und vierten Monat deutlich. Wir machten zwar durchaus Fortschritte, aber auch gleich wieder genauso große Rückschritte.

Ende September ließ Johanna mich anfangen, Schenkel- und Zügelhilfen zu kombinieren, um Helgi unter dem Sattel vorsichtig zusammenstellen zu können. Das fühlte sich an wie ein wichtiger Schritt voran, und ich stürzte mich mit Feuereifer ins Training dieser neuen Übung.

Leider vergaß ich dabei, Helgi genug Gelegenheit zum Vorwärtsgehen zu geben, so dass ich Anfang Oktober das erste Mal völlig entmutigt von meinem genauso frustrierten Pferd steigen musste, nachdem wir fast nur Schweinepass gegangen waren.

Glücklicherweise konnte Johanna uns aus dieser kleinen Krise schnell wieder heraushelfen, aber im Rückblick waren diese beiden Ausbildungsmonate doch recht schwierig. Gefühlt sind wir in dieser Zeit wirklich kaum vorangekommen.

Johannas Rat:

Kleine Rückschritte sind kein Grund zur Verzweiflung

Johanna fand meine Zweifel im September und Oktober verständlich, aber nicht notwendig.

Zwischenzeitliche Rückschritte sind ihrer Erfahrung nach in der Jungpferdeausbildung ganz normal. Je mehr ein junges Pferd neu hinzulernt, desto schwieriger wird es für das Tier, die einzelnen Lektionen auseinander zu halten. Ihrer Erfahrung nach kommt es häufiger vor, dass in einer Gangart mal der Takt verloren geht. Das kann phasenweise ignoriert werden. Oft ist der Takt selbst auch nicht das ursächliche Problem: Wenn die Balance und der Gehorsam auf die Hilfen sich allgemein verbessern, kommt der verloren geglaubte Takt oft »als Nebenprodukt« wieder zurück.

Kleine Rückschritte im Training sind also kein Grund zur Aufregung. Johanna empfiehlt, dann einfach selbst einen Schritt zurück zu machen und einfachere Übungen zu wiederholen, um dem Pferd die Grundlagen noch einmal neu zu erklären.

Wichtig ist ihr dabei, dass der Reiter sich nicht verleiten lässt, das Pferd zu stark in seiner Balance formen zu wollen und Micro-Management zu betreiben. Hier, wie in so vielen Dingen, gilt die Regel: Finde den goldenen Mittelweg. Ein junges Pferd mit den Hilfen ganz allein zu lassen kann natürlich nicht funktionieren, aber es braucht die Möglichkeit, sein Gleichgewicht selbst zu finden. Nur so kann es locker und entspannt vorwärts gehen.

Schwierigkeiten sowohl mit dem Takt als auch mit dem Gehorsam können häufig durch kontrolliertes aber fleißiges Vorwärtsreiten behoben werden, vor allem wenn sie aus einer zu intensiven Arbeit im langsamen Tempo resultieren. Ein Grund mehr also, dass Johanna das Vorwärts-Denken sowohl beim Pferd als auch beim Reiter konsequent fördert.

Samstag 08.09.

Takt gut, Gehorsam mangelhaft

Helgis Werdegang: Kaum ist eine Schwierigkeit überwunden, taucht die nächste auf

Seit der letzten Reitstunde Ende August haben Helgi und ich unsere Hausaufgaben gemacht und das Durchparieren sowohl auf dem Reitplatz als auch im Gelände trainiert. Auch viel Bodenarbeit war dabei, wobei ich auch hier viel Wert auf das Durchparieren gelegt habe. Und siehe da – auf einmal reagiert Helgi nicht nur wieder einwandfrei auf den Zügel, sondern der Takt im Tölt ist auch wieder locker und viertaktig. Das muss Magie sein!

Und gerade als ich mich darüber freuen will, werde ich beim nächsten Fehler erwischt: Am Ende der Reitstunde gibt mir Johanna noch ein paar Tipps, nachdem ich schon abgesessen bin. Ich achte auf Johanna und weniger auf Helgi, was der zum Anlass nimmt, erst in der Gegend herum zu gucken und dann unruhig um mich herum zu tänzeln. Auch als Johanna mich darauf aufmerksam macht und ich ihn zur Konzentration auffordere, bleibt Helgi nur kurz stehen und fängt dann gleich wieder an herumzugucken und zu zappeln. Johanna lässt sich Zügel und Gerte geben und macht einen Schritt auf ihn zu – und schon ist er aufmerksam, steht brav und macht keine Anstalten mehr zu tanzen.

Abbildung 31: Helgi ist unaufmerksam

Hier ist also unsere wichtigste Hausaufgabe für die nächsten Tage: Ich muss Helgis Respekt wieder verdienen. Da er offensichtlich gelernt hat, dass er sich in unbeachteten Momenten aus unangenehmen Aufgaben herauswinden kann (und stehen bleiben findet er sehr unangenehm), hat er sich einige Unarten angewöhnt, für die das Tänzeln heute nur ein Symptom ist. Auch dass Helgi beim Aufsteigen immer noch nicht zuverlässig stillsteht, kann mit diesem Thema zusammenhängen.

Oh je, die Arbeit mit einem Jungpferd ist kompliziert! Aber das wusste ich ja vorher schon.

Johannas Rat: Hifenverständnis, Takt und das Stillstehen

Nach Johannas Erfahrung folgt der gute Takt häufig aus dem Verständnis der Hilfen, genauer gesagt aus dem Verständnis der halben Parade. Da ich in den beiden letzten Wochen nicht nur viel am Zügelgehorsam am Boden (**Übung 4** im Abschnitt **Herkömmliche Bodenarbeitsübungen**), sondern auch im Sattel auf dem Reitplatz (**Übung 21** im Abschnitt **Übungen im Sattel**) und im Gelände (**Übung 35** im Abschnitt **Übungen im Gelände**) am Zusammenspiel der treibenden und verwahrenden Hilfen bei der halben und ganzen Parade gearbeitet hatte, war bei Helgi jetzt der gute Takt im Tölt wieder hergestellt. Dieser scheinbar »magische Trick« war also gar nicht so magisch wie er mir erschien, sondern eine Folge der konsequenten Arbeit in den letzten Wochen.

Andererseits hatte Helgi aber noch Lücken beim allgemeinen Gehorsam und hatte sich angewöhnt, sich unangenehmen Aufgaben zu entziehen. Gerade das Stillstehen ist für Johanna ein wichtiger Bestandteil der Grundlagenarbeit zum Thema Führen des Pferdes (**Übung 2** im Abschnitt **Herkömmliche Bodenarbeitsübungen**). Das Pferd soll sowohl in Bewegung als auch im Stand seine Aufmerksamkeit beim Reiter lassen und auf dessen Kommandos achten. Daher legte sie am 08.09. viel Wert darauf, an diesem Aspekt zu arbeiten.

Donnerstag 20.09.

Zusammenspiel von Schenkel und Zügel

Helgis Werdegang: Level-Up

Nach jeder Menge Übungen am Stillstehen klappt das heute in der Reitstunde sehr gut. Und das sowohl während ich mich vor der Reitstunde noch mit Johanna unterhalte, als auch beim Aufsitzen. Ich bin mal wieder glücklich, dass ich mit Helgi so ein umgängliches, unkompliziertes Pferd erwischt habe. Mit Helgis Vorgänger hat sich eine Diskussion um den Gehorsam auch schnell mal über Monate hingezogen – bei Helgi reichen zwei Wochen konsequentes Training, und alles ist wieder gut.

Zur Belohnung dürfen wir heute direkt mit dem Tölt anfangen, was Helgi sehr entgegenkommt. Er läuft fröhlich und recht locker in seinem Lieblingstempo über den Platz.

So aufgewärmt, gibt uns Johanna eine Aufgabe, die eine neue Schwierigkeitsstufe für uns darstellt: Unser Reitplatz hat im oberen Bereich einiges an Gefälle, so dass wir bisher nur im

Abbildung 32: Biegung mit Schenkelhilfe

unteren, flacheren Bereich auf dem Zirkel gearbeitet hatten. Heute soll ich im oberen Bereich auf dem Zirkel bleiben, so dass wir einen recht schnellen Wechsel zwischen Bergauf- und Bergab-Strecken haben – und alles auf der gebogenen Linie im langsamen, energiereichen Tölt.

Das klappt recht gut: Helgi geht so gut wie gar nicht mehr gegen den Zügel. Allerdings tue ich mich schwer, ihn in der Biegung zu halten, ohne dass er den Zirkel deutlich verkleinert.

Die Abhilfe: Es ist an der Zeit, das innere Bein und den äußeren Zügel zu Hilfe zu nehmen. Helgi ist jetzt soweit, das Zusammenspiel von Schenkel- und Zügelhilfen zu lernen. Dadurch, dass ich jetzt den inneren Schenkel einsetzen und gleichzeitig mit dem äußeren Zügel begrenzen kann, driftet Helgi jetzt nicht mehr nach innen.

Nach einigen Minuten fleißigem Vorwärtsreiten zum Abschluss beenden wir sehr zufrieden die Reitstunde. Helgi und ich scheinen den nächsten Level der Ausbildung erreicht zu haben.

Johannas Rat:
Spannung versus Entspannung beim Zusammenspiel der Hilfen

Im Allgemeinen vermeidet Johanna es, eine Reiteinheit sofort im Tölt anzufangen, wenn das Pferd unruhig ist. Da Helgi aber vor und zu Beginn der Reitstunde sehr gut stillgestanden hatte, machte sie am 20.09. eine Ausnahme. Als Belohnung für das Stillstehen durfte er als Ausgleich antölten und fleißig vorwärts gehen.

Helgi hatte jetzt sowohl die treibenden als auch die verwahrenden Hilfen gut verstanden und hatte sein Gleichgewicht unter dem Reiter gefunden. Jetzt fand Johanna es an der Zeit, ihm das Zusammenspiel von Schenkel und Zügel zu erklären.

Mit Hilfe der Arbeit auf der gebogenen Linie (siehe **Übung 31** im Abschnitt **Übungen im Sattel**) sollte ich Helgi mit dem inneren Schenkel an den äußeren Zügel treiben. Helgi ging also am äußeren Zügel und wurde durch Nachgeben mit dem inneren Zügel belohnt.

Durch das Herantreiben an den äußeren Zügel lernt das Pferd, sich zu biegen, ohne nach innen zu laufen. Zusätzlich wird durch diese Kombination der treibenden und verwahrenden Hilfen erreicht, dass eine feine Anlehnung an den äußeren Zügel möglich wird. Dadurch kann das Pferd mehr Energie aufbauen, so dass es sein Gewicht in Richtung Hinterhand verlagert und sich so in jedem Tempo besser selbst trägt.

Donnerstag 27.09.

Flatterband, Entspannungsübung, Galopp

Helgis Werdegang: Kleine Herausforderungen machen Spaß

Heute ist auf dem Reitplatz ein Abendteuer-Spielplatz aufgebaut: Kleine Cavallettis und mehrere Hindernisstangen, um die jeweils ein rot-weißes Flatterband gewickelt ist. Helgi scheint sehr interessiert. Also nutze ich die Gelegenheit, ihm den Spaß an der Herausforderung nahe zu bringen.

Das Flatterband wird eingehend beschnuppert und für gut befunden. Aber als ich es ihm über den Hals legen will, findet Helgi das doch recht unheimlich und lehnt sich zur Seite weg (siehe **Abbildung 145: Das Flatterband kennenlernen** im Abschnitt **Gelassenheitstraining**). Nach einem erneuten Beschnuppern erklärt er sich bereit, sich das Flatterband umlegen zu lassen.

Abbildung 33: Eine kleine Herausforderung

Das bunte Cavalletti erscheint ihm sogar noch gefährlicher – er steigt zwar brav darüber, erschreckt sich aber dann vor seiner eigenen Courage und macht einen Satz nach vorne.

Trotzdem geht er bereitwillig und mit gespitzten Ohren wieder mit mir hin, und nach dem dritten Versuch ist auch das kleine Hindernis kein Problem mehr.

Aufregend war's dann aber doch, und zu Beginn der Reitstunde ist Helgi recht fickerig und geht sehr spannigen Tölt. Johanna lässt uns die ersten Anfänge des Vorwärts-Abwärts im Tölt üben: Eine vorsichtige Parade, vorwärtstreiben, kurz in den Entlastungssitz gehen. Helgi entspannt sich, und seine Schritte werden länger. Daraufhin setze ich mich wieder hin und aktiviere die Hinterhand. Dann nochmal. Nach einigen Iterationen läuft Helgi wieder besser im Takt. Auf unserem kleinen Reitplatz mit seinem deutlichen Gefälle wird er aber heute nicht so richtig locker, so dass Johanna das Thema wechselt: Wir trainieren den Galopp.

Das ist neu: Auf dem Platz sind wir bisher noch nicht galoppiert. Das Angaloppieren klappt trotzdem recht gut, aber beim Zurücknehmen landen wir im Tölt statt im Trab. Und als das beim dritten Versuch doch klappt, will Helgi sofort in den Schritt zurückfallen.

Auch beim abschließenden Tölt zieht sich das Thema »mangelnder Gehwille« durch. Da will Johanna unbedingt gegenarbeiten: Die nächste Reitstunde wird im Gelände stattfinden, damit Helgi auf unserem kleinen Reitplatz nicht das Vorwärtsgehen verlernt.

Ich gehe mit gemischten Gefühlen nach Hause: Einerseits bin ich stolz auf mein mutiges Pony, das die spontanen Gelassenheitsübungen heute so souverän gemeistert hat. Andererseits macht er im Moment scheinbar Anstalten, den Vorwärtsdrang zu verlieren, den ich an ihm so liebe. Wenn der Trend so weiter ginge, wäre das sehr schade!

Johannas Rat:

Abwechslung bieten und immer den Vorwärtsdrang erhalten

Johanna hält Gelassenheitsübungen (siehe **Übung 51** bis **Übung 54** im Abschnitt **Gelassenheitstraining**) für ein sehr gutes Training, bei dem Pferd und Reiter sich gegenseitig kennenlernen und die Reaktionen des Partners besser einschätzen lernen können. Dadurch wird das gegenseitige Vertrauen auf- und ausgebaut, was Pferd und Reiter im weiteren Verlauf der Ausbildung nur zugutekommen kann.

Dass Helgi nach dieser für ihn noch sehr ungewohnten Arbeit etwas aufgeregt war, fand Johanna nur natürlich. Zum Ausgleich fing sie die Reitstunde am 27.09. mit dem Vorwärts-Abwärts-Reiten (siehe **Übung 28** im Abschnitt **Übungen im Sattel**) an, um ihm die Möglichkeit zu geben, sich wieder zu entspannen. Da wir damit nicht komplett zum Ziel kamen, ließ sie mich stattdessen die Spannung über das Tempo abbauen (**Übung 32**). Damit arbeiteten wir dann gleichzeitig auch am fleißigen Vorwärtsgehen, was zu diesem Zeitpunkt in Helgis Ausbildung etwas zu kurz gekommen war.

Mittwoch 03.10.

Schweinepass und Selbstzweifel

Helgis Werdegang: Frust pur

Zum ersten Mal seit ich begonnen habe mit Helgi zu arbeiten, steige ich heute völlig frustriert vom Pferd: Helgi hat den Schweinepass entdeckt.

Aber fangen wir vorne an.

Nach viel Training im Gelände war der Takt im Tölt zwischenzeitlich wieder um einiges lockerer geworden, wenn auch nicht noch wieder so gut wie anfangs. Heute will ich zum Ausgleich wieder auf dem Reitplatz arbeiten.

Abbildung 34: Taktprobleme im Tölt

Die Bodenarbeit zu Anfang läuft soweit gut. Aber schon beim Aufsitzen kann ich ahnen, dass es heute nicht einfach werden wird mit Helgi: Er ist zappelig und ungehorsam, will mich nicht neben sich lassen und bleibt immer nur für ein paar Sekunden stehen, bevor er wieder anfängt herum zu hampeln. Ich brauche mehrere Anläufe, bis er endlich stabil genug steht, dass ich aufsitzen kann. Und dann gibt es Diskussionen, ob er sofort loslaufen darf.

In der Hoffnung, dass er die überschüssige Energie schnell abarbeiten kann, erlaube ich ihm anzutölten, was er auch gerne tut. Er läuft aber sehr spannig, wird nur im sehr langsamen Tempo auf der Geraden immer mal wieder für ein paar Schritte taktklar und verspannt sich dann sofort wieder, wenn die Kurve kommt. Auf unserem kleinen Reitplatz komme ich so nicht weiter, und ich versuche etwas Neues: Helgi und ich gehen auf die kleine Straße vor dem Hof und versuchen es dort mit dem Tölt.

Wie der Reitplatz hat die Straße auch eine Steigung: vom Hof weg geht es bergauf, an der Stutenweide entlang.

Die erste Strecke die Straße hinauf läuft noch ganz gut – zumindest bis wir an den Stuten vorbei sind, die direkt am Zaun stehen und uns beobachten. Helgi geht dort zwar brav vorbei, aber danach scheint seine volle Aufmerksamkeit nach hinten gerichtet zu sein. Er will so gar nicht mehr vorwärts gehen. Entsprechend schlecht wird auch der Tölt.

Ich drehe also um und tölte die Straße wieder hinunter. Das ist ein Fehler: Bergab macht sich Helgi wie immer steif. Der Takt wird immer passiger. Ich versuche es mit Stellung, langsam reiten, schneller vorwärts reiten – nichts hilft. Unten angekommen sind wir in einem reinen Zweitakt.

Das kann doch nicht wahr sein! So schrecklich war der Takt noch nie.

Ich wechsele noch einmal die Strategie und versuche, die Wiese neben der Straße hoch zu traben. Helgi drängt über die Schulter in Richtung Wiese und wir landen in einer völlig krummen Haltung, die ich im Trab nicht korrigiert bekomme. Also Durchparieren, zurück auf die Straße. Ich versuche es mit Schritte-Verkürzen, was sonst immer sehr gut geklappt hat – heute will die Übung in Tauziehen ausarten. Immerhin bekomme ich unten auf einem relativ flachen Stück am Ende der Straße ein paar Schritte mehr oder weniger taktklaren Tölt, so dass ich absteigen und Helgi heimführen kann.

Was für ein deprimierendes Training. Sobald ich abgesessen bin, fangen die Selbstzweifel an: Hätte ich ganz anders anfangen und Helgi besser auf den Tölt vorbereiten müssen? Warum fängt er wieder an, sich gegen den Zügel zu wehren – habe ich ihn im Tölt zu fest gehalten? Habe ich jetzt etwas kaputt gemacht, dessen Reparatur uns viel unnötige Arbeit kosten wird, die man hätte vermeiden können, wenn ich besser reiten könnte?

Ich könnte heulen. Zum Glück ist bald wieder Reitstunde! Ohne Johannas Hilfe werde ich mich wohl erstmal nicht mehr trauen, am Tölt zu arbeiten.

Johannas Rat: Kein Grund zur Verzweiflung

Johanna reagierte gelassen, als ich ihr von meinem frustrierenden Training mit Helgi erzählte. Sie erklärte mir, dass fast jedes junge Islandpferd in seiner Ausbildung kürzere oder längere Phasen durchläuft, in denen in einer oder mehreren Gangarten der Takt verloren geht. Schließlich ist das junge Pferd ja keine Maschine, die läuft wie am Schnürchen - und jeder Reiter macht auch mal Fehler. Sie findet es in solchen Situationen besonders wichtig, sich nicht an dem Thema festzubeißen, sondern flexibel zu reagieren und andere Wege zu suchen, wenn die gewohnten Lösungen nicht zum gewünschten Ergebnis führen.

Ihr Rat: Nicht verzweifeln, sondern positiv denken und nach neuen Lösungsideen suchen!

In Helgis bisheriger Ausbildung hatten wir den sauberen Takt im langsamen Tölt über Biegungen (**Übung 26** in Abschnitt **Übungen im Sattel**) oder über das Schritte-Verkürzen (**Übung 27**)

Abbildung 35: Vorwärtsdenken und Vorwärtsreiten

gesucht und meist auch gefunden. Diese Strategie hatte ich am 03.10. wieder versucht. Im Nachhinein erscheint aber klar, dass Helgi sich ohnehin schon zu kurz gemacht hatte. Johanna erklärte mir, dass es in dieser Situation leichter ist, den lockeren Takt über lösende Übungen (z.B. **Übung 28**) und vor allem das Vorwärtsdenken und Vorwärtsreiten (**Übung 32**) zu erreichen. Johanna fand meine Idee richtig, vom Reitplatz weg zu gehen und im Gelände zu trainieren. Aufgrund der Ablenkung durch die Pferde am Wegesrand und durch das starke Gefälle der Straße trat der gewünschte Effekt aber nicht ein. Ich hätte an dieser Stelle dann zum Beispiel mit dem Tölt-Training ganz aufhören und stattdessen einen kurzen, schnellen Ausritt mit viel Trab und Galopp machen können, um Helgis Anspannung positiv aufzulösen.

Meine gewählte Lösung, noch zu einem mehr oder weniger erfolgreichen Abschluss zu kommen und dann aufzuhören ist grundsätzlich auch richtig, kann aber dazu führen, dass sich Pferd und Reiter zu sehr an dem aktuellen Thema »festbeißen«. Daher war es gut, dass ich in den nächsten Trainingseinheiten den Schwerpunkt nicht mehr auf den Tölt gelegt habe. Auch dass ich am 03.10. mehrfach die Strategie gewechselt und andere Lösungsansätze ausprobiert habe, fand Johanna richtig. Allerdings war an diesem Tag die erfolgreiche Strategie nicht dabei, so dass ich sehr froh war, dass bald die nächste Reitstunde anstand, und ich Johannas Rat einholen konnte.

Freitag 12.10.

Geländereitstunde mit Startschwierigkeiten

Helgis Werdegang: Kleine Frechheiten

Nach acht Tagen, an denen ich viel Bodenarbeit gemacht und ansonsten am Trab und Galopp gearbeitet habe, ist heute endlich wieder Reitstunde. Wie vor zwei Wochen verabredet, wird Johanna heute Skarpur reiten, so dass wir zusammen ins Gelände gehen können.

Helgi beweist gleich beim Aufsteigen, wie nötig diese Reitstunde ist: Er weigert sich stehen zu bleiben, drängelt auf mich zu, hüpft mit den Vorderbeinen und macht insgesamt seinen Unmut deutlich. Nach dem Aufsitzen will er sofort losrennen und tänzelt auf der Stelle, deutet sogar ein Steigen an.

Johanna lässt mich wieder absitzen und es geht erstmal in den Longierzirkel. Sie übernimmt die Longe, während ich mit Skarpur vor dem Longierzirkel warte. Helgi soll fleißig vorwärts gehen. Er läuft anfangs sehr verspannt und sieht selbst im Galopp extrem passig aus. Johanna treibt nach, und nach ein paar Runden läuft sich Helgi ein.

Durchparieren zum Halt – Helgi versucht sofort, zu Johanna rein zu kommen. Johanna achtet konsequent darauf, dass er Abstand hält. Dann Handwechsel und nochmal fleißig vorwärts gehen, durchparieren, Abstand-Halten. Das klappt jetzt besser, aber wir müssen es in der nächsten Zeit weiter trainieren.

Wir sitzen wieder auf – Helgi steht jetzt erstaunlich brav und wartet auf meine Hilfe zum Antreten. Wir reiten im zügigen Tempo vom Hof weg, um Helgis immer noch recht ausgeprägte negative Energie in positive Bahnen zu lenken. Auch der Rest des Ausritts ist geprägt von **Vorwärts denken, vorwärts reiten, vorwärts denken, vorwärts reiten**. Das Mantra muss ich mir jetzt für die nächsten Wochen ständig vorsagen. Helgi und ich müssen beide neu lernen, vorwärts zu denken. Er soll immer bereitwillig auf meine treibenden Hilfen reagieren.

Abbildung 36: Gleichgewicht selbst finden

Genauso wichtig: Kein »Micromanagement« betreiben. Ich muss Helgi mehr Freiraum lassen, sein Gleichgewicht zu finden. Zitat Johanna: »**Der hat vier Füße, der soll das selber hinkriegen**.«

Ich bleibe also mit dem Zügel nur weich bei ihm und korrigiere nur sehr gelegentlich, wenn Helgi sich zu lang macht und auf die Vorhand kommt. Und siehe da, auf einmal können wir sogar bergab wieder im flotten Tempo taktklar und locker tölten, ohne dass ich viel Gewicht in der Hand habe.

Na sowas – der taktklare Tölt, den ich schon verloren geglaubt hatte, ist gar nicht weg!

Ich befürchte zwar, dass der heutige schöne Tölt ein »Reitstunden-Effekt« war, den ich ohne Hilfe nicht reproduzieren kann, aber beim Ausritt am nächsten Tag läuft Helgi auch ohne Johannas Korrekturen taktklar.

Die Welt ist also wieder in Ordnung.

Puh!

Johannas Rat: Vorwärtsdenken

Johanna betont oft, dass die Tempo-Kontrolle (siehe entsprechende Grundlage im Abschnitt **Grundlagen und Prinzipien der Jungpferdeausbildung**) in beide Richtungen trainiert werden muss: Das zügige Vorwärts-Reiten auf dem Reitplatz oder in der Halle (siehe **Übung 32** im Abschnitt **Übungen im Sattel**) und im Gelände (**Übung 37** im Abschnitt **Übungen im Gelände**) ist für sie ein genauso wichtiger Bestandteil des Trainings des Hilfengehorsams, wie die richtige Reaktion auf die verwahrenden Hilfen. Daher war das ein wesentlicher Bestandteil des Trainings am 12.10.
Zusätzlich zu dem Aspekt der Kontrolle über das Tempo war es Johanna in dieser Phase im Oktober sehr wichtig, an der alles entscheidenden Grundlage **Respekt und Vertrauen** zu arbeiten. Helgi war zu dem Zeitpunkt schon sehr selbstbewusst und musste noch einmal neu lernen, dass er den Menschen respektieren muss. Johanna hat an diesem Tag das Longieren im Zirkel genutzt, um Helgi das Weichen vor dem Reiter noch einmal neu zu erklären (siehe dazu die **Übung 12** im Abschnitt **Herkömmliche Bodenarbeitsübungen**). Danach war er wie ausgewechselt, und wir konnten ohne weitere Probleme ausreiten.

Wie so oft hat Johanna das aktuelle Missverständnis hier einmal mehr gelöst, indem sie die Konfliktsituation beim Aufsteigen durch einen Themawechsel umgangen hat. So konnte sie an den Ursachen arbeiten, ohne Helgi das Gefühl zu vermitteln, gegen seinen Willen zur Mitarbeit gezwungen worden zu sein.

Zusätzlich zu den oben genannten Aspekten war für Helgi in dieser Phase wichtig, dass er sein Gleichgewicht selbständig suchen sollte, um zu einem lockeren Takt im Tölt zurück zu finden. Daher sollte ich eine Zeit lang betont passiv reiten, um Helgi den Freiraum zu geben, sich selbst auszubalancieren. Natürlich durfte ich Helgi auch nicht komplett mit den Hilfen alleine lassen. Wie auch an vielen anderen Stellen in der Jungpferdeausbildung muss auch bei der Hilfengebung auf die **Ausgewogenheit** (siehe Johannas entsprechendes Prinzip im Abschnitt **Grundlagen und Prinzipien der Jungpferdeausbildung**) geachtet werden.

November/Dezember

Schulterkontrolle, weiche Anlehnung

Abbildung 37: Johanna reitet Helgi

Helgis Werdegang: Die erste Berittstunde

Zu Anfang des fünften Ausbildungsmonats kamen Helgi und ich mit meinen Reit- und Ausbildungsfähigkeiten nur noch millimeterweise voran. Ich bat Johanna, mein Pferd einmal zu reiten, während ich zuguckte. Sie erklärte mir, was sie gerade mit ihm übte und warum.

Dadurch wurden mir so einige Punkte klar, die ich besser machen konnte. Von diesem Punkt an entwickelte Helgi sich auch unter meinen Freizeitreiter-Fähigkeiten wieder vorwärts. Helgi und ich hatten aus dieser Beritt-Einheit einiges gelernt. Er verstand jetzt die Seitengänge und die Stellung auf der gebogenen und der graden Linie besser, und ich hatte aus Johannas Erklärungen genug mitgenommen, dass ich diese Übungen jetzt besser nachreiten konnte.

Dadurch wurde auch die Arbeit am Tölt einfacher, weil ich dort jetzt die Stellung besser zu Hilfe nehmen konnte.

Abbildung 38: Seitengänge

Spannend in dieser Phase war für mich, wie unterschiedlich die Schwerpunkte der Arbeit mit Helgi von Trainingseinheit zu Trainingseinheit gesetzt werden mussten. Es konnte durchaus passieren, dass eine Übung, die gestern noch sehr positiv gewirkt hatte, sich heute schon negativ auf Helgis Lockerheit und Takt auswirkte. Wir hatten sogar eine kurze Phase, in der Helgi auf der linken und rechten Hand völlig unterschiedlich reagierte!

Mir wurde wieder einmal klar: Bei der Jungpferdeausbildung gibt es keine Pauschallösung.

Im November hatten wir eine Phase, in der Johanna viel auf Kursen unterwegs war und deswegen die Reitstunden häufig ausfielen. Ich ging viel ins Gelände und sorgte auf dem Platz für Abwechslung, indem ich mit Übungen nach **Intrinzen** (siehe entsprechender Abschnitt in den Übungen) machte.

In der nächsten Reitstunde rächte sich dann, dass ich im Gelände offensichtlich nicht so konzentriert geritten war wie sonst auf dem Reitplatz. Es hatten sich einige Fehler eingeschlichen: Helgi lehnte sich auf der geraden Linie auf den Zügel und drängte auf der Volte über die Schulter nach innen oder außen. Wir übten also wieder Biegungen, wobei es jetzt darauf ankam, Helgi nie mit den Hilfen allein zu lassen.

Ich war schon wieder überrascht. Letzten Monat musste ich noch darauf achten, Helgi möglichst wenig mit meinen Hilfen zu stören, diesen Monat schien das schon wieder ganz anders zu sein.

Das war natürlich nicht so: Micromanagement war im November immer noch genauso unerwünscht, wie in den Monaten zuvor. Aber das deutliche Nachgeben und die dem Signalreiten ähnliche Hilfengebung aus den ersten Monaten waren jetzt kontraproduktiv geworden.

Mehr dazu später.

Johannas Rat: Aufmerksamkeit und Flexibilität wahren

Nach den ersten vier Monaten im regelmäßigen Training war Helgis Grundausbildung jetzt abgeschlossen. Er hatte das Zusammenspiel der Hilfen verstanden und beherrschte die grundlegenden Übungen. Johanna fing jetzt an, mit Helgi und mir an den Feinheiten zu arbeiten.

Wie bei jedem jungen Pferd waren Helgis Schwierigkeiten in dieser Phase recht vielschichtig und variabel. Lösungen, die vielleicht gestern noch funktioniert hatten, konnten heute gegebenenfalls schon nicht mehr zum gewünschten Ergebnis führen. Daher war jetzt Johannas Prinzip der **Aufmerksamkeit und Flexibilität** (siehe oben im Abschnitt **Grundlagen und Prinzipien der Jungpferdeausbildung**) besonders wichtig: Johanna erinnerte mich daran, dass ich Helgis **Fortschritte** und **kleinen** Rückschritte von Tag zu Tag genau beobachten und je nach Situation nach dem richtigen Lösungsweg suchen musste.

Je nach Helgis Tagesform konnte dies einmal das Reiten in Stellung (**Übung 26** im Abschnitt **Übungen im Sattel**) sein, ein andermal das fleißige Vorwärtsreiten (**Übung 32**), oder auch die Kontrolle der Schulter (**Übung 39**) und der damit verbundene lösende Effekt.

Freitag 02.11.

Johanna reitet Helgi

Helgis Werdegang: Ein schickes Pferd habe ich da!

Nachdem Helgi und ich in den letzten paar Wochen gefühlt für jeden Schritt vorwärts anderthalb Schritte zurück gemacht haben, bin ich sehr froh, dass die Reitstunde heute einmal anders herum läuft: Johanna setzt sich auf Helgi und ich stehe in der Mitte und sehe mir an, wie sie ihn reitet.

Sie startet deutlich energischer, als ich das normalerweise tue. Helgi muss gleich am Zügel gehen, Biegungen und Seitengänge zeigen und auch zusammengestellt laufen. Vor allem die Seitengänge klappen viel besser, als ich es Helgi überhaupt zugetraut hätte – er kann offensichtlich schon viel mehr, als ich im Sattel aus ihm heraus kitzeln kann. Unter Johanna zeigt er alles, was wir am Boden geübt haben.

Beim Schenkelweichen an der Bande entlang fängt er einmal kurz an, mit der Vorhand zu hüpfen, als wollte er steigen. Johanna biegt ihn in Richtung Bande und treibt energisch seitwärts mit dem (aus Sicht der Biegung) inneren Bein. Daraufhin hört Helgi das Hüpfen auf und geht brav seitwärts.

Johannas Diagnose: Er hat sich beim Schenkelweichen zu gerade gemacht und bekam dadurch Gleichgewichtsprobleme, weil er geradegerichtet noch nicht seitwärts laufen kann. Sein Ausweg war dann nach oben.

Mal wieder ein Aha-Erlebnis für mich: Johanna hat sich keine Gedanken um Helgis Versuch zu steigen gemacht, sondern ihm stattdessen einen Lösungsweg vorgeschlagen, wie er ihrem Kommando folgen kann, ohne in Gleichgewichtsschwierigkeiten zu geraten. Und Helgi hat diesen Vorschlag sofort dankbar angenommen.

Jetzt beginnt Johanna mit dem Tölt, und ich habe direkt den nächsten Aha-Effekt: Helgi startet etwas spannig, bergab sogar leicht passig. Johanna ignoriert das und reitet Tempounterschiede. Und siehe da: Helgi wird zunehmend lockerer, bis am Ende der Takt wieder stimmt. **Durch Taktprobleme hindurchreiten** nennt Johanna das, und sagt mir, das solle ich zukünftig ruhig auch probieren.

Abbildung 39: Johanna und Helgi im Tölt

Nachdem Helgi einmal locker ist, ist es ein echter Genuss, den beiden zuzusehen. Schick sehen sie zusammen aus!

Johanna ist dann auch sehr zufrieden mit Helgi. Es mache Spaß ihn zu reiten, sagt sie. Ich hätte da ein sehr schönes Pferd gekauft. Sie sieht momentan auch keinen Grund, ihn in Beritt zu nehmen: Die nächsten Schritte kann ich gut selbst angehen. Ich bin glücklich – gerade auch, weil ich in letzter Zeit immer mal wieder das Gefühl hatte, mich mit dem jungen Pferd komplett übernommen zu haben.

Von zu Tode betrübt bis himmelhochjauchzend ... So schnell kann das gehen!

Johannas Rat: Flexible Wahl der Lösungsstrategien

Die Situation, in der Helgi beim Schenkelweichen anfing, ein Steigen anzudeuten, hatte das Potential, zu einer ernsten Auseinandersetzung zu eskalieren. Das war ein gutes Beispiel dafür, wie Johanna einen potentiellen Konflikt vermeidet: Sie bot Helgi eine Lösung an, die er akzeptieren konnte, und lobte ihn dann für seine richtige Reaktion. Dadurch hat sie nicht nur das aktuelle Missverständnis aufgelöst, sondern konnte ihn durch das Lob auch motivieren, weiterhin bereitwillig mitzuarbeiten.

Helgi mit dem äußeren Zügel viel Platz zu geben, damit er den Hals stärker biegen konnte, war in dieser Situation in zweifacher Hinsicht sinnvoll: Einerseits fiel Helgi das Seitwärtstreten in einer deutlichen Biegung zu diesem Zeitpunkt leichter als in der dressurmäßig korrekten Stellung. Andererseits kann ein gebogenes Pferd nicht steigen, so dass die Biegung an dieser Stelle auch eine Sicherheitsmaßnahme für Johanna, seine Reiterin, war.

Wie oben erwähnt, begann Johanna die Berittstunde am 02.11. damit, die grundlegenden Übungen zum Abkauen und am Zügel gehen (siehe **Übung 25** im Abschnitt **Übungen im Sattel**), Biegung und Stellung (**Übung 26**) und Seitengänge (**Übung 23**) abzufragen.

Da Helgi sich bei dem potentiellen Konflikt beim Schenkelweichen etwas angespannt hatte, war der Takt im Tölt dann anfangs wie beschrieben spannig. Auch hier war Johannas Lösungsstrategie wieder, das Taktproblem nicht explizit zu thematisieren, sondern Helgi mit Tempounterschieden eine Lösung anzubieten, bei der er sein Gleichgewicht selbständig stärker auf die Hinterhand verlagern und in den guten Takt zurückfinden konnte.

Häufig werden Taktprobleme von mangelnder Energie (und dem damit oft verbundenen Fallen auf die Vorhand) verursacht. Durch fleißiges Vorwärtsreiten oder Tempounterschiede (**Übung 32**) wird dann positive Energie aufgebaut und der Takt wird besser.

Aber: Wie immer bei der Arbeit mit dem jungen Pferd gilt natürlich auch hier, dass der Reiter den Effekt seiner Korrekturen jederzeit im Blick haben sollte. Wenn der Takt im höheren Tempo oder durch Tempovariation nicht schnell besser wird, schwenkt Johanna auf einen anderen Lösungsansatz um, hier zum Beispiel Biegungen oder eine Korrektur des Zügelgehorsams und der Versammlung im langsamen Tempo Tölt oder im Schritt.

Freitag 09.11.

Nichts ist in Stein gemeißelt

Helgis Werdegang: Nicht mal auf den beiden Händen gilt dasselbe!

Nachdem er in der letzten Woche sowohl auf dem Reitplatz als auch im Gelände recht locker und taktklar gelaufen ist, hat Helgi heute scheinbar keinen guten Tag. Anfangs will er kaum Schritt gehen. Nach einigen Minuten lässt er sich dann aber doch überreden, ruhig vorwärts-abwärts zu gehen. Jetzt kommt der Tölt – und es wird kompliziert.

Wer soll denn da noch hinterherkommen: Heute läuft Helgi zwar auf beiden Seiten gleich verspannt, aber die Lösung ist komplett unterschiedlich!

Links herum helfen Biegeübungen und Tölten in Innenstellung.

Rechts herum bringen diese Übungen nur sehr wenig Erfolg, und Johanna lässt mich stattdessen das Tempo verstärken. Das wiederum hilft sehr gut, um Helgi auf der rechten Hand zu lösen.

Abbildung 40: Vorwärts-Abwärts zur Entspannung

Johanna warnt mich, dass das morgen schon wieder ganz anders sein kann. Momentan muss ich mich stark darauf konzentrieren, wie Helgi auf eine Übung reagiert und bei Bedarf sofort die Strategie wechseln, wenn der gewünschte Effekt ausbleibt oder gar negativ ist.

Die Hausaufgabe für die nächste Woche: Viel ausprobieren, fühlen und flexibel reagieren.

Hat jemand behauptet, die Jungpferdeausbildung sei einfach?

Nein?

Na gut.

Johannas Rat: Positiv denken

Nach Johannas Erfahrung kann es bei einem jungen Pferd durchaus vorkommen, dass Lösungsstrategien von einem Tag auf den anderen neu aufgestellt werden müssen. Wie Helgi am 09.11. gezeigt hat, kann es gelegentlich sogar vorkommen, dass ein Lösungsansatz, der auf einer Hand sehr gute Ergebnisse zeigt, auf der anderen Hand nicht so gut geeignet ist und durch einen ganz anderen Ansatz ersetzt werden muss. Der Reiter muss also jederzeit bereit sein, bisher bewährte Strategien aufzugeben und nach neuen Wegen zu suchen.
Trotzdem (oder vielleicht gerade deswegen) hält Johanna es für wichtig, immer positiv an einen neuen Lösungsversuch heranzugehen. Sie geht grundsätzlich immer erst einmal davon aus, dass die aktuelle Lösung zum gewünschten Ergebnis führen wird. Dadurch vermittelt sie dem Pferd, dass es die gestellte Aufgabe leicht bewältigen kann.

Am 09.11. arbeiteten wir erst mit Vorwärts-Abwärts-Reiten (**Übung 28** im Abschnitt **Übungen im Sattel**), um Helgi im Schritt zu lösen. Im Tölt erfolgte das Lösen dann auf der linken Hand mit Biegungen (**Übung 26**) und auf der rechten Hand über Tempounterschiede bzw. Tempo-Verstärken (**Übung 32**).

Auch hier noch einmal Johannas Hinweis, dass es wichtig ist, sich gegebenenfalls Rat von außen holen zu können. Oft sieht ein erfahrener Trainer Lösungsmöglichkeiten, die dem in der aktuellen Situation verfangenen Reiter selbst nicht in den Sinn gekommen wären. Das geht übrigens nicht nur Freizeitreitern so – auch Johanna holt sich bei Bedarf Rat von anderen Trainern, wenn sie in einer Situation mit einem jungen Pferd nicht weiterkommt.

Dienstag 27.11.

Schulterkontrolle

Helgis Werdegang: Die Sache mit der Koordination

Schulter-Kontrolle ist die Antwort auf alle (aktuellen) Fragen – das ist das Ergebnis der heutigen Reitstunde. Leider ist das einfacher gesagt als getan ...

Die Theorie ist noch recht unkompliziert: Da Helgi heute sowohl bei der Bodenarbeit als auch unter dem Sattel ständig mit der Schulter nach innen drängt und sich dabei deutlich verspannt, muss ich seine Schulter nach außen bewegen, um ihn zu lösen.

In der Praxis sieht das so aus, dass Helgi am Boden gegen meine treibende Hand und auch gegen die Gerte drängt, wenn ich an seiner Schulter bleibe. Die Lösung: Zügel überschlagen und Helgi am langen Zügel um mich herum »longieren«. Die Schulter wird mit Körpersprache und Gerte von mir weggetrieben – immer, wenn Helgi auf mich zu drängelt, gehe ich einen energischen Schritt in Richtung seiner Schulter. Das hilft, er weicht brav über die Schulter nach außen und läuft dann ein paar Schritte schön in Innenstellung.

Abbildung 41: Schulterkontrolle

Im Sattel wird's dann noch eine Stufe schwieriger: Auf dem Zirkel soll ich im Schritt mit deutlicher Innenstellung bzw. -biegung vom Hufschlag wegreiten und Helgi dann (immer noch in Stellung/Biegung) über die Schulter nach außen treten lassen. Das ist koordinativ gar nicht so einfach! Erst als Johanna vom Boden hilft, indem sie einen Schritt auf Helgis Schulter zu macht, klappt das Weichen einigermaßen. Nach einigen Versuchen geht es dann auch ohne Johannas Hilfe, so dass wir jetzt in den Tölt übergehen.

Und ich dachte, die Übung sei im Schritt schon schwierig gewesen! Ich brauche mehrere Runden um herauszufinden, wie ich die Hilfen mit Schenkel, Gewicht und Zügel koordinieren muss, damit Helgi auch im Tölt auf dem Zirkel mit der Schulter nach außen weicht.

Aber dann kommt der Aha-Effekt: Sobald ich seine Schulter unter Kontrolle habe, läuft Helgi für ein paar Schritte richtig schönen, schwungvollen und taktklaren Tölt!

Hausaufgabe für die nächste Woche: Weiter an der Schulterkontrolle arbeiten und so die Phasen des lockeren Tölts nach und nach verlängern.

Johannas Rat:
Lösen durch Beweglichkeit in der Schulter

In den zweieinhalb Wochen zwischen dem 09.11. und dem 27.11. hatte sich Helgi schon wieder deutlich weiterentwickelt. Johanna begann jetzt, mit Helgi und mir an Feinheiten zu arbeiten, die sie vorher ignoriert hatte. Während sie mich Anfang des Monats noch über

Biegungen und Tempounterschiede grundsätzlich an der Losgelassenheit im Tölt arbeiten ließ, gingen wir jetzt systematisch Helgis Tendenz an, über die Schulter nach innen zu fallen.

Der Versuch, Helgis Schulter auf der gebogenen Linie nach außen treten zu lassen (siehe **Übung 29** im Abschnitt **Übungen im Sattel**), hätte Helgi nach Johannas Einschätzung vor zwei Wochen noch überfordert. Das hätte dann noch dazu geführt, dass er sich steif machte und eher noch spanniger lief. Jetzt war er soweit, diese schwierige Übung zu verstehen und durchzuführen. Er geriet jetzt nicht mehr so stark aus dem Gleichgewicht, dass er sich nicht problemlos wieder selbst organisieren konnte.
Wie noch unsere letzte Reitstunde vom 09.11. augenfällig gezeigt hatte, gibt es natürlich keine allgemeingültige Antwort auf alle Fragen. Auch die Schulterkontrolle ist für Johanna kein Allheilmittel, auch wenn das in dieser Reitstunde mein Eindruck war. Schön zu sehen ist hier, wie schnell sich ein junges Pferd verändern kann: Noch vor zwei Wochen brauchte Helgi auf beiden Händen sehr unterschiedliche Unterstützung. Jetzt konnten wir wieder durchgängig auf beiden Händen arbeiten und dazu eine sehr viel anspruchsvollere, feinere Übung einsetzen, als bisher möglich gewesen war.

Die Kontrolle der Schulter kann am Boden mit **Übung 3**, **Übung 4** und **Übung 11** aus Abschnitt **Herkömmliche Bodenarbeitsübungen** vorbereitet werden. Wenn die Schulterkontrolle am Boden gut funktioniert, wird sie mit **Übung 29** und **Übung 31** aus Abschnitt **Übungen im Sattel** weiter verfeinert.

Mittwoch 14.12.

Trab an der Hand

Helgis Werdegang: Wenn's am Führstrick nicht klappt, nimm die Poolnudel

Helgi mag an der Hand nicht traben.

Das war ganz am Anfang schon mal aufgefallen, als wir nach Helgis Verletzung dem Tierarzt vortraben sollten und dabei immer nur ein holpriger Tölt herauskam. Da er zu dem Zeitpunkt allgemein noch nicht gut traben konnte, dachte ich damals noch, das wird von alleine. Aber obwohl er inzwischen sowohl an der Longe als auch unter dem Sattel durchaus zuverlässig trabt, will Helgi das Traben an der Hand partout nicht lernen.

Ich habe in den vergangenen Wochen schon das eine oder andere versucht. Zum Beispiel lässt Helgi mich nach einigen Fehlversuchen inzwischen im Longierzirkel mit drei

Abbildung 42: Trab am Target

bis vier Metern Abstand in der Mitte mittraben. Wenn ich näherkomme, ist es aber schnell wieder vorbei mit dem Trab.

Also wird heute ein alternatives »Werkzeug« ausgepackt: Eine Poolnudel. In den letzten Tagen hat Helgi schon gelernt, dass es ein Leckerli gibt, wenn er mit der Nase an die Poolnudel stupst. Er läuft jetzt schon im Schritt hinterher, wenn ich mit dem Target vor ihm weg gehe. Heute kommt die nächste Schwierigkeitsstufe: Er soll neben mir gehen, als würde ich ihn führen, und nach Möglichkeit will ich erreichen, dass er neben mir trabt.

Der Schritt neben mir ist schnell erreicht, und gelegentlich töltet Helgi an, wenn ich im schnellen Schritttempo durch die Kurve gehe und er außen im Schritt nicht mehr mitkommt. Naja. Trab wäre mir lieber, aber Tölt ist schon mal ein Anfang. Ich trabe selber an – und Helgi dreht erschrocken um und rennt in die andere Richtung! Scheinbar sind meine Schritte mit den schweren Reitstiefeln zu laut.

Wir üben also noch ein bisschen, dass Helgi hinter mir her trabt. Das klappt erstaunlich gut solange ich nicht versuche, ihn doch an meine Schulter zu bekommen. Okay, genug für heute, das müssen wir wohl noch ein paarmal üben.

Auf jeden Fall hat der Trick mit dem Target mir eine neue Erkenntnis gegeben, die unsere Stallbetreiberin ein paar Tage später noch einmal bestätigt: Sie erzählt, Helgi sei in Panik ausgebrochen, als jemand im Nachbarpaddock den Boden platt trampeln wollte. Offensichtlich hat der Kleine Angst vor schweren Fußtritten. Jetzt wo ich das weiß, kann ich in Ruhe an dem Thema arbeiten. Und wirklich: Im Laufe der nächsten Wochen lernt Helgi langsam aber sicher, erst frei und später auch am Zügel oder Führstrick neben mir zu traben.

Johannas Rat:

Herkömmliches Training und alternative Trainingsansätze

*Johanna ist unkonventionellen Trainingsansätzen gegenüber grundsätzlich sehr aufgeschlossen. Wenn das herkömmliche Training anfänglich nicht zum Erfolg führt, hält sie es immer für eine gute Alternative, auch andere Lösungen auszuprobieren. Ich hatte hier die im Abschnitt **Intrinzen** beschriebene **Übung 59** genutzt, um Helgi den Trab neben dem Reiter zu erklären.*

Abbildung 43: Freiarbeit

Beim Einsatz solcher Trainingsmethoden gibt Johanna aber zu bedenken, dass auch hier – wie immer im Training mit dem jungen Pferd – gilt, dass auch das unkonventionelle Training beim Reiter Kenntnisse und Fähigkeiten erfordert, die erst erarbeitet werden müssen.
Der Reiter sollte sich also immer bewusst sein, dass auch diese Art der Arbeit mit dem Pferd erst erlernt werden muss. Auch hier gilt, dass der Reiter jederzeit aufmerksam beobachten muss, wie das Pferd reagiert. Wenn der Ansatz nicht die gewünschten Ergebnisse zeigt, sollte der Reiter (wie bei jeder anderen Übung auch!) bereit sein, die Strategie zu wechseln und das aktuelle Thema aus einer anderen Richtung anzugehen.

Grundsätzlich hält es Johanna aber für sehr wichtig, dass ein junges Pferd viel Abwechslung bekommt und sich im Training nicht langweilt. Daher können Übungen wie Zirkuslektionen, Gelassenheitstraining und Freiarbeit aller Art als Ergänzung zum herkömmlichen Training am Boden und im Sattel aus ihrer Sicht sehr hilfreich sein.

Donnerstag 20.12.

Konstante weiche Anlehnung

Helgis Werdegang: NICHT die Zügel wegwerfen, Sigrid!

In den drei Wochen seit der letzten Reitstunde haben Helgi und ich viel experimentiert, vor allem auch mit Übungen aus dem Bereich **Intrinzen** (siehe entsprechender Abschnitt im Kapitel **Übungen**). Zu Beginn der Reitstunde sieht es so aus, als sei das Reiten in dieser Zeit ein wenig zu kurz gekommen: Helgi lehnt sich heute auf der geraden Linie auf den Zügel und will nicht im Genick nachgeben. Um das zu verhindern, soll ich Volten reiten. Daraufhin geht Helgi steif über die Schulter nach innen. Die zweite Hälfte der Volte ist dann aber immer recht gut.

Das Problem: Ich bereite Helgi zu wenig vor. Also eine Innenstellung auf der Geraden vorbereiten, dann erst abwenden. Das klappt viel besser, die Volte wird nicht mehr steif.

Und schon kommt die nächste Herausforderung: Nach der Volte läuft Helgi für ein paar Schritte locker und in schöner Haltung, und dann ist alles vorbei und er ist wieder genauso steif wie vorher.

Johannas Lösung: Ich muss eine konstante, weiche Zügelverbindung halten.

Oder anders gesagt: Immer, wenn Helgi etwas gut macht, gebe ich viel zu stark nach und verliere den guten Effekt, den wir gerade erreicht hatten. Das deutliche Nachgeben war in den ersten Ausbildungsmonaten sehr wichtig, um Helgi möglichst deutlich zu zeigen, wenn er etwas gut gemacht hatte. Bei seinem aktuellen Ausbildungsstand ist das aber eher kontraproduktiv. Jetzt heißt es also, zur Belohnung nur in der Hand sehr weich zu werden, dabei aber immer bei ihm zu bleiben und ihm im Zusammenspiel mit den treibenden Hilfen eine konstante weiche Anlehnung zu bieten.

Also muss ich jetzt noch einmal umlernen und alle meine frisch aufgebauten Gewohnheiten wieder abbauen.

Spoiler: Das mit dem Umlernen ist gar nicht so einfach, und das Thema wird uns in den nächsten Monaten noch verfolgen!

Aber immerhin – nachdem ich mich darauf konzentriere, Helgi mit dem Zügel nicht allein zu lassen, läuft er sehr schön locker in der Schulter und macht auch die Tempounterschiede, die wir zum Abschluss reiten, sehr flüssig und ohne Taktprobleme mit.

So viel haben wir also in den letzten drei Wochen doch nicht verlernt. Eher im Gegenteil!

Johannas Rat: Drei Phasen in der Zügelarbeit

Bei einem sehr jungen Pferd am Anfang seiner Ausbildung legt Johanna viel Wert darauf, dass die Zügel (ähnlich wie beim Signalreiten) immer nur sehr kurz eingesetzt werden. Die Belohnung erfolgt anfangs noch durch deutliches Nachgeben. Das erleichtert dem Jungpferd das Verständnis der Zügelhilfen und der von ihm erwarteten Reaktion auf diese Hilfen.

Wenn dieses Grundverständnis aufgebaut ist, wird in der zweiten Phase daran gearbeitet, Sitz, Schenkel- und Zügelhilfen so zu koordinieren, dass eine konstante Anlehnung erreicht wird. Die Zügelhand bleibt immer weich beim Pferd. Das Pferd belohnt sich selbst durch Nachgeben im Genick. Der Sitz und die Hand des Reiters sind eine konstante Unterstützung und erinnern das Pferd daran, dass es im Genick weich bleiben und sich tragen soll.

Wenn es diese Arbeit komplett verstanden hat, geht das Pferd in der dritten Phase so gut am Sitz des Reiters, dass es sich auch ohne Zügelkontakt selbst tragen kann.

Nach einem halben Jahr Ausbildung war Helgi im Dezember über den anfänglichen Status eines »rohen« Jungpferdes hinaus, und Johanna ließ mich in die zweite Phase der Zügelarbeit übergehen. In dieser Phase musste ich vermeiden, Helgi durch zu starkes Nachgeben alleine

Abbildung 44: Reiterhand bleibt weich beim Pferd

zu lassen. Er war noch nicht soweit, sich ohne Unterstützung durch die Zügelhand selbst zu tragen, und reagierte verwirrt auf einen durchhängenden Zügel.

Um Helgi dazu zu bewegen, in Genick und Schulter weich nachzugeben, arbeiteten wir am 20.12. mit **Übung 25** (Abkauen und Laufen in Haltung, siehe Abschnitt **Übungen im Sattel**), **Übung 26** (Biegung im Körper, Schulter-Herein), **Übung 30** (Bahnfiguren und Richtungswechsel) und allgemein mit der Arbeit auf der gebogenen Linie (**Übung 31**).

Januar/Februar

Pause, Schulterkontrolle, Vorwärtsgehen

Abbildung 45: Freiarbeit im Schnee

Helgis Werdegang: Kleine Spielereien zur Abwechslung

Im Januar gab es jede Menge Regen und Schnee. Ich war entsprechend schwunglos und wenig motiviert zur konzentrierten Arbeit außerhalb der Reitstunden. Helgi und ich arbeiteten viel am Boden und vertieften unsere Arbeit nach den Ideen von **Intrinzen**. Da war Helgi mit so viel Begeisterung dabei, dass er mich gleich mit motivierte. So raffte ich mich auch beim schlimmsten Wetter dazu auf, mit ihm zu spielen.

Durch diese Übungen fing Helgi bald an, den Widerrist anzuheben und in sehr schöner Aufrichtung frei zu laufen. Leider hatten wir aber immer wieder Diskussionen, ob er den höflichen Abstand von mir einhalten muss, oder ob er mich »im Eifer des Gefechts« gelegentlich einmal anrempeln darf. Das artete zwar nie so aus, dass es gefährlich wurde – aber im Nachhinein musste ich mich dann doch fragen, ob ich in dieser Phase einen Teil seines Respekts vor mir verloren und so schon den Grundstein dafür gelegt hatte, dass wir drei Monate später in eine ordentliche Krise gerieten. Aber dazu später.

Im Februar ging es dann wieder an die konzentrierte Arbeit mit Schulterkontrolle, Biegungen und flüssigem Vorwärtsgehen. So langsam lernte ich, Helgi im Tölt auch im etwas höherem Tempo zu korrigieren, wenn er zu lang wurde und aus dem Takt kam. Auch die Seitengänge klappten jetzt viel besser als in den Monaten zuvor, sogar auch ohne Anlehnung an der Bande. Mein Kleiner schien langsam erwachsen zu werden.

Johannas Rat:

Das flüssige Vorwärtsreiten trainieren

Nach sehr viel konzentrierter Arbeit im Schritt und langsamen Tempo Tölt im ersten halben Jahr fand Johanna es im Januar und Februar an der Zeit, durch das flüssige Vorwärtsreiten an Tempo und Raumgriff zu arbeiten. Daher stand in den Reitstunden im Januar die Arbeit am Galopp und am zügigen Vorwärtsreiten im Trab im Vordergrund, und wir legten eine Reitstunde im Gelände ein, um dort das Vorwärtsgehen in allen Gangarten zu trainieren (siehe **Übung 37** im Abschnitt **Übungen im Gelände**). Im Februar arbeiteten wir daran, diesen Schwung in den Tölt zu übertragen und auch dort immer fleißig vorwärts zu reiten. Dadurch wurde Helgi merklich lockerer und machte sich nicht mehr so kurz wie in den Monaten davor.

Im Fluss bleiben war also das zentrale Thema dieser beiden Monate. Das ist Johannas Erfahrung nach sehr wichtig, damit das junge Pferd lernt, in jedem Tempo immer positiv nach vorne zu denken.

Freitag 04.01.

Trab und Galopp

Helgis Werdegang: Erst will er gar nicht traben, jetzt trabt er mir ständig aus!

Helgi scheint die Freude am Trab entdeckt zu haben. Im Gelände habe ich Schwierigkeiten, ihn im Tölt zu halten, und wenn er einmal ausgetrabt ist, will er oft gar nicht mehr in den Tölt zurück. So kannte ich mein Pferd bisher gar nicht!

Johanna hört sich das an und nickt – sie findet das nicht ungewöhnlich. Wir nutzen die Gunst der Stunde und üben in der heutigen Reitstunde zuerst den Trab. Helgi trabt auch sehr schön an und läuft eine ganze Runde, ohne aus dem Takt zu geraten. Das ist ein deutlicher Fortschritt gegenüber unserer bisherigen Arbeit am Trab.

Abbildung 46: Eine weiche Anlehnung halten

Der Versuch, auf den Zirkel abzubiegen, klappt dann aber doch nicht so gut. Sobald ich den inneren Zügel annehme, landen wir im holprigen Tölt. Nicht mit Durchparieren oder Zügelwegwerfen belohnen, sagt Johanna. Stattdessen soll ich den Tölt »schön machen«, Helgi also zusammenstellen und so lange weiter tölten, bis er im Genick locker wird und wir einen klaren Viertakt haben. Dann durchparieren und sofort antraben. Nach einigen Versuchen bleibt Helgi im Trab und geht zumindest auf der linken Hand sehr schön gebogen auf dem Zirkel.

Ich freue mich über einen guten Fortschritt – auf dem Zirkel traben konnten wir bisher noch gar nicht.

Rechts herum sieht aber alles schon wieder anders aus: Helgi macht sich steif, und ich kann froh sein, wenn ich eine halbe Runde Trab auf dem Zirkel schaffe, ohne dass er wieder im Tölt landet. Johanna sieht den Fehler: Ich lasse mein Pferd mal wieder zu viel mit dem Zügel allein. Und siehe da: Als ich mich darauf konzentriere, nicht zu viel nachzugeben und mit meinen Hilfen immer weich bei ihm zu bleiben, kann Helgi auf einmal auch auf der rechten Hand auf dem Zirkel traben.

Kaum macht man‘s richtig, schon funktioniert‘s!

Zur Belohnung kommt ein neues Thema: Wir sollen aus der Ecke angaloppieren, erstmal aus dem Trab. Beim ersten Versuch reagiert Helgi schwerfällig und ich komme mir vor, als müsste ich ihn den Berg hochtragen. Dumme Idee – ich betreibe mal wieder Micromanagement, statt Helgi die korrekte Ausführung meiner Hilfen selbst zu überlassen. Beim nächsten Versuch gebe ich also eine energische Galopphilfe und sitze dann locker im Sattel – und siehe da: Helgi ist jetzt deutlich leichtfüßiger im flüssigen Galopp unterwegs.

Weil's sonst zu leicht wäre, kommt dann gleich noch eine Schippe drauf: Aus dem Schritt angaloppieren. Die ersten beiden Versuche enden im Außengalopp. Johanna lässt mich in der Ecke eine Volte reiten, das Gewicht deutlich nach innen verlagern und den inneren Zügel mit der Galopphilfe deutlich nachgeben, während der äußere Zügel die Schulter begrenzt. Siehe da, diesmal landen wir korrekt im Linksgalopp.

Im Rechtsgalopp läuft Helgi dann so schön, dass ich an der kurzen Seite nicht zurücknehmen, sondern weiter galoppieren soll. Wir galoppieren nicht nur die kurze Seite entlang, sondern auch die lange Seite den Berg hinunter und dann durch die nächste Kurve und die lange Seite wieder hoch. Anderthalb Runden Galopp auf unserem sehr kleinen Reitplatz – das hatten wir beide Helgi gar nicht zugetraut, aber er hat es problemlos gemeistert!

Helgi wird ausgiebig gelobt, und wir gehen zum Tölt über, der jetzt erstaunlich gut klappt.

Ich steige zufrieden vom Pferd. Dafür, dass ich heute so unzufrieden in die Reitstunde kam, hat dann doch alles richtig gut geklappt.

Johannas Rat: Gelegenheiten ergreifen

Es ist häufig hilfreich, dem Pferd die richtige Reaktion so leicht wie möglich zu machen. Dadurch vermeidet Johanna, das junge Tier zu überfordern, und es bleibt positiv motiviert. Daher fängt sie eine Trainingseinheit gerne mit dem Thema an, das dem Jungpferd momentan besonders leichtfällt. Am 04.01. war das der Trab, den wir dann auf der gebogenen Linie übten. Ich konnte so versuchen, Helgi mit dem inneren Schenkel an den äußeren Zügel zu reiten (siehe **Übung 31** im Abschnitt **Übungen im Sattel**). Das hatte bisher im Tölt schon recht gut funktioniert, war im Trab aber noch schwierig. Da Helgi in dieser Phase gerne und viel traben wollte, sind wir in dieser Trainingseinheit mit dem Trab ein gutes Stück weitergekommen.

Natürlich darf dieses Eingehen auf die vom Pferd angebotenen Themen nicht heißen, dass die aktuell nicht so einfachen Übungen vernachlässigt werden. Aus diesem Grund ließ Johanna mich die Einheit am 04.01. mit einigen Runden Tölt abschließen, nachdem wir Helgi im Trab und Galopp vorbereitet hatten.

Auch bei der Arbeit am Galopp gab es am 04.01. einen guten Fortschritt. Wie oben schon erwähnt, legte Johanna hier viel Wert darauf, dass ich Micromanagement vermied. Einerseits durfte ich Helgi zwar mit den Hilfen noch nicht völlig allein lassen. Da ich mich an dieser

Abbildung 47: Galopp

Stelle aber fühlte, als müsste ich jeden Schritt meines Pferdes einzeln »herauskitzeln«, war das ein deutliches Zeichen dafür, dass ich ins andere Extrem gefallen war. Die Hilfen sollen dem Pferd nur mitteilen, was zu tun ist, nicht wie. Im Beispiel hier war das »was« das Angaloppieren. Helgi sollte dann von sich aus fleißig vorwärts gehen, ohne dass ich jeden Galoppsprung einzeln einfordern musste. Nur so konnte er sein Gleichgewicht selbst finden und die Aufgabe selbstständig und bereitwillig erfüllen.

Freitag 11.01.

Konzentrierte Arbeit im Gelände

Helgis Werdegang: Auch im Gelände die Konzentration nicht vergessen!

Heute will Johanna sich meine Schwierigkeiten mit dem Tölt im Gelände direkt »vor Ort« angucken. Sie schwingt sich auf mein zweites Pferd Skarpur, und wir gehen zusammen ausreiten. Gleich von Anfang an soll ich konzentriert reiten und von Helgi verlangen, dass er nachgibt und am Zügel geht. Das habe ich im Gelände offensichtlich arg vernachlässigt in letzter Zeit: Ich brauche mehrere Versuche, bis Helgi sich zur Mitarbeit bereiterklärt.

Das Thema setzt sich dann auch gleich fort, als wir eine lange Steigung hochtraben. Helgi guckt in der Gegend herum und fällt in den Galopp, wenn ich versuche, ihn zum Nachgeben zu überreden. Na gut, dann soll er eben im Galopp nachgeben. Das tut er auch, und nach ein paar Metern fällt er wieder in den Trab zurück. Danach klappt das Nachgeben auch im Trab.

Aber bei der nächsten Übung ist es gleich wieder vorbei, sowohl mit der Konzentration als auch mit dem Nachgeben: Auf einer großen Wegkreuzung sollen wir »einfach nur« ein paar Volten machen.

Nix mit einfach!

Helgi macht sich steif und fällt über die Schulter nach innen, und das auf beiden Händen. Ich brauche fünf oder sechs Versuche, bis die Biegung besser wird und wir auf die Töltstrecke hinter der Wegkreuzung abbiegen können.

Auch hier wieder: Verspanntes, unkonzentriertes Pferd. Entsprechend schlecht ist der Takt. Ich falle nach vorne und lasse mich aus dem Sattel ziehen.

Also: Hinten sitzen, Pferd leicht biegen, jetzt läuft's besser. Dann geht es bergab, wo Helgi sich wieder verspannt und auf die Vorhand fällt, und schon sind wir wieder im Schweinepass. Hinten sitzen, Helgi mit Aufwärtsparaden daran erinnern, sich selbst zu tragen... Der Tölt wird wieder besser, aber sobald ich nachgebe und Helgi im Tempo zulegen lasse, fällt er schnell wieder auseinander. Das müssen wir noch üben!

Auf dem recht steil bergab führenden Heimweg machen wir im Schritt die gleiche Übung noch einmal: Helgi soll sich selbst tragen, ohne dass ich ständig korrigieren muss.

Hausaufgabe für die nächsten zwei Wochen: Das Sich-selbst-Tragen bergab weiter trainieren und im Tölt das »Beschleunigen« üben, ohne dass Helgi die positive Spannung verliert.

Und: Konzentrieren, Sigrid!

Wenn ich nicht mit gutem Beispiel voran gehe, kann ich von Helgi natürlich nicht verlangen, dass er hochkonzentriert bei der Sache ist.

Johannas Rat:

Energie im höheren Grundtempo

Wie oben erwähnt, hatte Helgi sich angewöhnt, dass er im Gelände am langen Zügel in der Gegend herum gucken durfte. Das war die Ursache dafür, dass er am Anfang des Ausritts am 10.11. nicht am Zügel gehen wollte. Um ihn daran zu erinnern, dass er auch im Gelände konzentriert auf meine Hilfen achten muss, ließ Johanna mich an einer geeigneten Stelle einige Volten reiten (siehe ***Übung 34*** *im Abschnitt* ***Übungen im Gelände****).*

Das diente dazu, Helgi aufmerksam zu machen, damit er korrekt reagieren konnte. Außerdem arbeitete ich so an unserer Koordination und am gemeinsamen Gleichgewicht: auf der leicht unebenen und optisch nicht stark begrenzten Kreuzung, auf der wir diese Übung machten, waren die Volten für Pferd und Reiter eine andere Herausforderung, als auf dem heimatlichen, mit einem Zaun begrenzten Reitplatz.

Abbildung 48: Bergab reiten

Nach dem ersten halben Ausbildungsjahr konnte ich Helgi jetzt im langsamen Tempo Tölt gut zusammenstellen und biegen und so den Takt im Tölt sauber halten. Der Nachteil dabei war, dass das langsame Tempo dazu führen konnte, dass die Energie verloren ging und Helgi zu sehr auf die Vorhand kam. Daher legte Johanna jetzt vermehrt Wert darauf, dass Helgi lernte, auch in höherem Tempo sein Gewicht auf die Hinterhand zu verlagern und sich selbst zu tragen, ohne dass ich ihn ständig daran erinnern musste. Das konnte ich einerseits durch das aktive Reiten bergab (siehe **Übung 42**) im Schritt üben, indem ich Helgi im langsamen Tempo zusammenstellte und ihm dann durch deutliches Nachgeben ermöglichte, sein Gleichgewicht selbst zu finden. Andererseits war es auch wichtig, die Energie im Tölt zu fördern, indem ich gerade im Gelände durch konzentrierte Arbeit am Tempo-Verstärken (siehe **Übung 37**) mit Helgi trainierte, dass er auch in höherem Grundtempo bei mir blieb und sich selbst trug.

Sonntag 10.02.

Intrinzen-Übungen

Helgis Werdegang: Spielen mit Pferd

Das Wetter ist immer noch nass und ungemütlich, und Helgi und ich haben in den letzten Wochen weiterhin viel mit den Übungen von **Intrinzen** (siehe entsprechender Abschnitt im Kapitel **Übungen**) experimentiert. Die »Crunches« (**Übung 57**) klappen noch nicht so gut, aber so langsam findet Helgi Gefallen am »Panther Walk« (**Übung 58**). Alle Variationen von »Chase the Bag« (**Übung 59**) liebt er heiß und innig – sei es der Tüte, dem Staubwedel oder einfach ohne Target mir hinterher zu galoppieren.

Dabei vergisst er gelegentlich, dass er mit mir nicht spielen kann wie mit einem anderen Jungpferd. Er passt zwar gut genug auf, dass wir nie in ernsthaft gefährliche Situationen geraten, aber das mit dem respektvollen Abstand … ist schwierig.

Also üben wir lieber nicht so viel Rennen und konzentrieren uns auf den Panther Walk: Helgi soll ähnlich wie beim spanischen Schritt bei jedem Schritt mit dem Vorderfuß weit nach vorne ausgreifen. Obwohl er offensichtlich viel lieber kreuz und quer über den Platz galoppieren und buckeln würde, ist Helgi auch jetzt noch hochkonzentriert bei der Sache und versteht langsam aber sicher, was es mit dem Panther Walk auf sich hat. Nachdem ihn diese Übung anfangs deutlich sichtbar aus dem Gleichgewicht gebracht hatte, hebt er jetzt bei jedem ausgreifenden Vorwärtsschritt sehr schön die Schulter und wölbt den Rücken. Wenn wir diese Bewegung eines Tages auf das Reiten übertragen können, wird der Tölt sehr schön!

Johannas Rat:

Spielerische Arbeit hilft, wenn die Grundregeln beachtet werden

Johanna fand meine Arbeit aus dem Bereich Intrinzen interessant und war durchaus damit einverstanden, dass ich damit experimentierte. Sie sah, dass Helgi an diesen Übungen viel Spaß hatte und dabei auf spielerische Art lernte, sein Gleichgewicht zu verbessern. Durch diese Übungen wurde er motiviert, ohne direkten Einfluss von außen von sich aus dem Widerrist anzuheben und sich mit weit untertretender Hinterhand selbst zu tragen. Das kam ihm später unter dem Reiter zu Hilfe.

In der zweiten Hälfte des ersten Ausbildungsjahres fing Helgi an, auch im Tölt die Schulter zu lockern und den Widerrist zu heben und zumindest für einige Schritte einen sehr schönen Tölt mit weitem Raumgriff zu zeigen. Johanna hielt es für durchaus möglich, dass meine Intrinzen-Arbeit mit Helgi unsere Arbeit am Wechselspiel von positiver Spannung und Entspannung unterstützt und den Effekt verstärkt hat.

Abbildung 49: Panther Walk

Als ich ihr von diesem Training erzählte, wies sie mich allerdings nochmal darauf hin, dass der Reiter auch bei der eher spielerischen Arbeit mit dem jungen Pferd immer darauf achten muss, dass die wichtige Grundlage, der **Respekt des Pferdes vor dem Reiter** (siehe Abschnitt **Grundlagen und Prinzipien der Jungpferdeausbildung**) gewahrt bleibt.

Helgi hatte sich bei diesen Übungen angewöhnt, den nötigen Sicherheitsabstand zu mir nicht mehr einzuhalten. Im weiteren Verlauf seiner Ausbildung mussten wir daher an diesem Thema wieder verstärkt arbeiten. Um den wichtigen Respekt des Pferdes vor dem persönlichen Bereich des Reiters zu trainieren, sollte das junge Pferd regelmäßig daran erinnert werden, dass es auf Aufforderung vor dem Reiter weichen muss. Wenn dieses Bewusstsein beim Pferd jederzeit vorhanden ist, wird es sich auch bei der Freiarbeit besser daran erinnern lassen und den Abstand auch hier einhalten. Dazu gehört aber einiges an Erfahrung beim Reiter. Er muss die Reaktionen des Pferdes jederzeit lesen und richtig einschätzen, damit erst gar keine gefährlichen Situationen aufkommen.

Wenn diese Erfahrung vorhanden ist und die Übungen mit dem respektvollen Abstand durchgeführt werden, hält Johanna die Arbeit nach Intrinzen für eine sehr gute Sache.

Freitag 22.02.

Im Fluss bleiben

Helgis Werdegang: Wechselspiel der Gefühle

In der letzten Woche waren die Trainingseinheiten im Sattel eine Wundertüte. In der Reitstunde am letzten Freitag war der Boden auf dem Reitplatz gefroren und recht rutschig. Weder der Tölt noch der Trab wollte unter diesen Bedingungen so recht klappen. Nur mit Hilfe von sehr vielen Biegeübungen, Seitengängen und Kontrolle vor allem der rechten Schulter konnten wir in dieser Reitstunde zu einem halbwegs zufriedenstellenden Abschluss kommen. Als ich am letzten Dienstag auf dem Reitplatz geritten bin, hat Helgi hingegen sehr konzentriert mitgearbeitet und der Takt im Tölt war sehr schön locker. Nur mit den Seitengängen hatte ich Schwierigkeiten: Ich konnte zwar die Vorhand seitwärts bewegen und die Hinterhand auch – nur beides gleichzeitig wollte nicht funktionieren.

In der heutigen Reitstunde ist Helgi auch wieder konzentriert bei der Sache. Wir fangen wieder mit Seitengängen an – nach einigen Fehlversuchen klappt sogar das vorne und hinten gleichzeitige Seitwärts-Treten! Johannas wachsames Auge hilft mir hier sehr weiter: Sie sieht sofort, wenn meine seitwärts-treibenden und verwahrenden Hilfen nicht zusammenpassen.

Nachdem die Seitengänge klappen, wird getöltet. Heute ist der Schwerpunkt auf »im Fluss bleiben«. Helgi soll in einem deutlich höheren Grundtempo tölten als bisher immer. Der Takt wird dadurch deutlich besser, heute läuft Helgi fast nicht spannig und überhaupt nicht passig.

Ab und zu bekommen wir eine Rolle in den Takt, die ich dann über Treiben (und natürlich mit dem Zügel weich dranbleiben) wieder wegreiten soll.

Da es heute recht warm ist, wird Helgi schnell müde und pumpt ordentlich, so dass Johanna bald ein Erbarmen hat. Wir reiten noch zwei Runden Trab auf der linken Hand, und Helgi gibt mehrmals schön nach. Nur einmal fallen wir in den Tölt zurück, ansonsten klappt der Trab jetzt recht gut.

Ich bin mal wieder erstaunt, wie schnell das Umschwenken von »nichts klappt« auf »Riesenfortschritte« (und gegebenenfalls auch zurück ...) bei Helgi sein kann!

Johannas Rat: Auch der Reiter muss an sich arbeiten

Wie zu Beginn dieses Kapitels schon erwähnt, waren im Januar und Februar die Energie und das fleißige Vorwärts-Gehen das A und O in Helgis Training. Dass Helgi in der vorhergehenden Reitstunde auf dem gefrorenen und rutschigen Platz nur verhalten und nicht taktklar laufen konnte, fand Johanna nicht überraschend. Grundsätzlich war Helgi aber auf dem richtigen Weg, und mit den deutlich besseren Bodenverhältnissen am 22.02. wurde daher auch der Takt wieder besser.

Helgi hatte jetzt das Zusammenspiel der Schenkel- und Zügelhilfen verstanden, so dass Johanna mich konsequent an Seitengängen (**Übung 23** im Abschnitt **Übungen im Sattel**), Biegungen (**Übung 26**) und Schulterkontrolle (**Übung 29**) arbeiten und ihn so zusätzlich lösen ließ. Wie im Vorfeld schon häufiger, war auch in dieser Reitstunde die konstante, weiche Verbindung mit dem äußeren Zügel wieder ein Thema. Nach der anfänglich auf einzelne Hilfen konzentrierten Arbeit musste ich jetzt daran arbeiten, die im ersten halben Ausbildungsjahr aufgebauten Gewohnheiten wieder abzulegen. Hier haben wir also wieder ein Beispiel dafür, dass der Reiter neben der Arbeit an der Ausbildung des Pferdes auch konsequent immer wieder an der eigenen Hilfengebung arbeiten muss.

Abbildung 50: Die Anfänge des Schenkelweichens

März/April

Biegung/»seitwärts denken«, Rückenprobleme und die zweite Krise

Abbildung 51: Sattelprobleme

Helgis Werdegang: Bin ich diesem Pferd gewachsen?

Im März gab es einen schweren Krankheitsfall in meiner Familie. Ich war so sehr abgelenkt, dass ich weder so häufig noch so konzentriert mit Helgi arbeiten konnte, wie es in dieser Phase wünschenswert gewesen wäre. Wir verbrachten viel Zeit mit Spielen. Das machte Helgi immer noch sehr viel Spaß, wirkte sich aber teilweise negativ auf seine Biegsamkeit beim Reiten aus.

Also machten wir in den Reitstunden einen Schritt zurück: Reiten auf der gebogenen Linie, mit »seitwärts denken« statt echten Seitengängen. Dadurch konnte ich Helgi mit dem inneren Schenkel an den äußeren Zügel heran treiben und ihn so lösen.

Ende März stellte sich heraus, dass Helgis Sattel ihm so gar nicht mehr gut passte. Im April hieß es daher Sättel ausprobieren, und zwischen den Sattelproben konnte ich ihn teilweise über längere Strecken nicht reiten. Mit den immer neuen Sätteln schien Helgi sich auch überhaupt nicht wohl zu fühlen: Er wurde beim Reiten immer unruhiger. Dass der Frühling sich langsam ankündigte und die Weidesaison noch nicht angefangen hatte, war in dieser Situation natürlich auch nicht hilfreich. Ab Mitte April hatten wir dann teilweise auch wieder mit dem Thema Respekt zu kämpfen.

Und dann, gerade als Ende April der passende Sattel endlich gefunden war, probte Helgi den Aufstand. Auf dem Reitplatz wollte er nicht mehr geritten werden und ließ mich nur nach langen Diskussionen und nur mit Hilfe der Bande als Begrenzung aufsteigen. Er lief mit deutlich hochgezogenem Rücken, und fing an vorne zu hüpfen, zu steigen, und schließlich auch zu buckeln. Der Tierarzt konnte an seinem Rücken nichts feststellen, und Helgi lief sowohl bei der Freiarbeit als auch im Gelände locker und ohne offensichtliche Probleme vorwärts.

Ich war total verunsichert und schwankte zwischen der Sorge, dass mit Helgis Rücken doch etwas nicht stimmen könnte, und der Befürchtung, dass mein temperamentvolles junges Pferd mir einfach über sein könnte. Das Experiment »Jungpferdeausbildung« schien an meinen mangelnden reiterlichen Fähigkeiten scheitern zu wollen. Das war keine schöne Phase für Helgi und mich!

Johanna bewahrte die Ruhe und zeigte mir, wie ich mit einer Mischung aus Gehorsamsübungen am Boden und fleißigem Vorwärtsreiten im Gelände daran arbeiten konnte, Helgi das Geritten-Werden wieder schmackhaft zu machen. Dadurch sah die Krise für mich bald deutlich weniger katastrophal aus, und ich fasste wieder Mut.

Aber trotzdem: Ganz schön aufregend, so eine Jungpferdeausbildung!

Johannas Rat: Innehalten und neu beginnen

Für Johanna ist ein heftiges Widersetzen nach mehreren Monaten Ausbildung, wie Helgi es Ende April zeigte, ein deutliches Zeichen, dass etwas grundsätzlich nicht stimmt. In einer derartigen Situation liegt es an Reiter und Trainer, nach den Ursachen des Problems zu suchen. Erst wenn diese Ursachen korrigiert sind, kann mit der weiteren Ausbildung fortgefahren werden. Glücklicherweise konnte Johanna in Helgis Fall die Ursachen schnell identifizieren und beheben. Mehr dazu unten.

Eine derartige Reaktion kann grundsätzlich unterschiedliche Ursachen haben, die individuell analysiert und abgestellt werden müssen. Zum Beispiel kann das Pferd medizinische Probleme

und Schmerzen haben, oder es ist in der Ausbildung ein schwerwiegender Fehler aufgetreten, der jetzt korrigiert werden muss. Wichtig ist in jedem Fall, sofort flexibel zu reagieren, um dem Pferd einen positiven Ausweg aus der Konfliktsituation anzubieten.

In Helgis Fall konnte Johanna schnell herausfinden, wie die Situation zustande kam: In unserem Fall entstand der Konflikt aus der unglücklichen Kombination von zu wenig Beschäftigung im gerade anfangenden Frühling, den Problemen mit dem schlechtsitzenden Sattel im März und einem grundsätzlichen Thema mit Helgis Respekt vor meiner Autorität. Möglicherweise wäre die schwierige Situation nicht (oder nicht in dieser starken Form) entstanden, wenn einer oder mehrere dieser Faktoren gefehlt hätten.

Wir mussten jetzt schnell reagieren und Helgi zeigen, dass er sich einerseits unterordnen musste, wir aber andererseits bereit waren, auf ihn einzugehen. Johanna ließ mich mit einer Mischung aus Ruhe, Konsequenz und viel Abwechslung und flüssigem Vorwärtsreiten arbeiten. So konnten wir Helgi glücklicherweise schnell davon überzeugen, im Training wieder positiv mitzuarbeiten.

Freitag 15.03.

An den äußeren Zügel reiten

Helgis Werdegang: Der leidige äußere Zügel

Schwere Krankheitsfälle in der Familie sind so gar nicht gut für die Arbeit mit dem jungen Pferd …

In den letzten Wochen war ich stark abgelenkt, so dass meine Arbeit mit Helgi sporadisch und recht unkonzentriert war. Heute, in der ersten Reitstunde seit drei Wochen, rächt sich das. Gar nicht einmal, weil Helgi so viele Rückschritte gemacht hat (obwohl auch das passiert ist), sondern weil ich unkonzentriert bin und ständig vergesse, den äußeren Zügel einzusetzen.

Das fängt schon im Schritt auf der ganzen Bahn an, als ich in den Ecken des Reitplatzes jeweils die Hinterhand zwei Schritte zur Seite treten lassen soll. Helgi biegt sich zu sehr. Johanna trickst mich aus, indem sie mich ein Stück vor der Ecke abwenden lässt, so dass wir die Übung ohne Anlehnung an die Bande machen. Und siehe da: Jetzt erinnere ich mich an den äußeren Zügel, und die Übung klappt viel besser.

Abbildung 52: Verbindung am äußeren Zügel halten

Das nächste Thema ist dann eins, das wir schon öfter hatten: Ich lasse Helgi zu sehr mit dem Zügel allein, wenn er etwas gut macht. Er fällt dann schnell wieder auseinander und wir müssen von vorne anfangen.
Stattdessen: Mit dem äußeren Zügel weich dranbleiben, mit dem inneren Zügel durch kurzes Nachgeben belohnen. Und siehe da: Helgi bleibt in Haltung und geht mit der Hinterhand deutlich seitwärts, sobald mein Schenkel kommt.

Jetzt üben wir das gleiche Thema im Tölt, allerdings hier noch ohne echten Seitwärtsschritt. Stattdessen soll ich in den Ecken **seitwärts denken**: Der äußere Zügel bleibt weich am Pferd, der innere Schenkel treibt das innere Hinterbein an den äußeren Zügel heran. Helgi gibt im Genick nach, und ich kann ihn mit dem inneren Zügel belohnen, während der äußere Zügel weiter eine weiche Verbindung hält.

Dann muss ich diesen Effekt »nur noch« auf die lange Seite mitnehmen. Leichter gesagt als getan ...

Aber ich nehme einen großen Aha-Effekt mit aus der Reitstunde: Heute ist mir zum ersten Mal wirklich klar geworden, wie ich das Heranreiten an den äußeren Zügel praktisch umsetzen kann. Theoretisch kannte ich die Idee natürlich, und ich hatte es in der Vergangenheit auch schon mit mehr oder weniger Erfolg versucht.

Seit heute weiß ich, wie sich das Pferd dabei »anfühlen« muss.

Johannas Rat: Kleine Tricks für Pferd **und Reiter**

Wie weiter oben schon erwähnt, arbeitet Johanna gerne mit kleinen Tricks, wenn eine Übung nicht auf Anhieb funktionieren will. Solche Tricks helfen nicht nur dem Pferd, sondern manchmal auch dem Reiter. Wenn es hilft, eine Übung (wie hier zum Beispiel **Übung 31** aus Abschnitt **Übungen im Sattel**) ohne Anlehnung zu versuchen, wenn sie an der Bande nicht klappt (oder umgekehrt), dann nutzt Johanna diesen Vorteil aus und kommt so schnell zu einem positiven Ergebnis, ohne dass Frustration bei Pferd und Reiter aufkommt.

Ähnlich verhält es sich auch mit dem »Seitwärts denken«: Ohne wirklich seitwärts reiten zu wollen, gibt der Reiter die Hilfen so, als wolle er einen Seitengang vorbereiten (siehe **Übung 23**). Das Pferd tritt dadurch mit der Hinterhand weiter unter und wird weich in der Schulter – ein wichtiger Schritt in Richtung Versammlung, durch den der Takt im Tölt deutlich verbessert wird. Das Seitwärts-Denken ist also im Prinzip auch ein gedanklicher Trick, der es dem Reiter erleichtern kann, das Heranreiten an den äußeren Zügel richtig umzusetzen. So kann der Reiter den oben erwähnten »Aha-Effekt« erreichen, der ihm ermöglicht zu erfühlen, wie ein korrektes Heranreiten an den äußeren Zügel auf die Durchlässigkeit des Pferdes wirkt.

Freitag 29.03.

Rückenschmerzen und Satteltausch

Helgis Werdegang: Wo drückt der Schuh (bzw. der Sattel)?

Vor zwei Tagen hatte ich reiten wollen und musste nach den ersten paar Minuten schnell wieder absteigen, weil Helgi ganz offensichtlich Rückenschmerzen hatte. Er zog beim Antraben den Rücken hoch, machte einen halbherzigen Versuch zu buckeln. Dann landete er in einem

Abbildung 53: Helgi lässt sich den Rücken abtasten

sehr ungleichmäßigen Tölt, immer noch mit deutlich hochgezogenem Rücken. Ich parierte durch und stieg ab. Helgi ging neben mir unregelmäßigen Schritt und schüttelte immer wieder den Kopf.

Heute scheint wieder alles in Ordnung – Helgi lässt sich problemlos den Rücken abtasten, was er am Mittwoch so gar nicht zulassen wollte. Auch beim Satteln zeigt er keine negative Reaktion. Ich mache noch einige Minuten Bodenarbeit, bevor Johanna zur Reitstunde eintrifft. Helgi macht gut mit, ohne irgendwelche Anzeichen von Schmerz oder Widerwillen zu zeigen.

Ich berichte Johanna von unseren Problemen am Mittwoch, und sie guckt sich an, wie Helgis Sattel liegt. Die Erklärung ist schnell gefunden: Sie zeigt mir, dass die Sattelpolster an einer Stelle in Helgis Rückenmuskulatur drücken. Offensichtlich hat sich Helgis Rücken im Laufe der letzten Wochen so stark verändert, dass der anfangs gutsitzende Sattel jetzt nicht mehr passt. Mir war in der letzten Zeit schon aufgefallen, dass sich auch die Schulter verändert hatte, so dass ich weiter hinten satteln musste. Dadurch hatte der Druck auf den Rücken wohl zugenommen, so dass Helgi Schmerzen bekam.

Ich leihe mir also den Sattel meines Mannes. Der liegt zwar nicht ideal auf Helgis sehr kurzem Rücken, verteilt aber das Gewicht gut über die ganze Auflagefläche. Helgi lässt mich mit diesem Sattel problemlos aufsitzen und läuft ohne Anzeichen von Schmerzen.

Wir arbeiten mit viel vorwärts-abwärts am Trab, damit Helgi sich entspannt. Das klappt recht gut, und als Helgi dann doch mal aus dem Trab in den Tölt fällt, ist auch dort der Takt halbwegs locker. Dann wird wieder getrabt, bis Helgi gelöst am (relativ langen) Zügel geht.

Jetzt kommt eine neue Übung: In der unteren Ecke angaloppieren, die lange Seite bergauf möglichst locker und flüssig galoppieren, dann an der oberen kurzen Seite zum Tölt zurücknehmen. Nach einigen Fehlversuchen, bei denen wir beim Zurücknehmen im Trab landen, schaffe ich den Übergang in den Tölt, den Helgi jetzt ebenfalls locker und entspannt läuft.

Der andere Sattel scheint also unser Problem erstmal gelöst zu haben. Aber da er auch nicht ideal liegt, geht jetzt die Suche nach dem richtigen Sattel los.

Johannas Rat:

Vorwärts-Abwärts, um den Rücken zu entspannen

Johanna hat schon oft erlebt, dass ein Sattel, der dem jungen Pferd anfangs noch gut gepasst hat, im Laufe der Ausbildung nicht mehr so gut sitzt. Das Pferd baut Muskulatur auf, wodurch sich die Sattellage verändert. Das ist also ein Thema, für das man ein offenes Auge haben sollte. Oft hilft Bewegung gegen verspannte Muskeln, so dass man in einer Situation wie der vom 29.03. sorgfältig abwägen muss, ob das Pferd geritten wird oder noch Zeit braucht, um sich von seinen Rückenschmerzen zu erholen. Helgi kam mit dem anderen Sattel offensichtlich gut klar und lief recht locker, so dass Johanna die Reitstunde nicht abgebrochen hat.
Um Helgi die Möglichkeit zu geben, mit langem Hals und entspanntem Rücken fleißig vorwärts zu gehen, hat Johanna an diesem Tag entgegen ihrer normalen Arbeitsweise nur vorwärts-abwärts (**Übung 28** aus Abschnitt **Übungen im Sattel**) und mit zügigem Vorwärtsreiten (**Übung 32**) an der Entspannung gearbeitet. Die Arbeit an der positiven Spannung hat sie in dieser Sondersituation weniger betont.
Daraus ergab sich dann ein anfängliches Missverständnis beim Zurücknehmen aus dem Galopp zum Tölt: Durch die fehlende Spannung im Galopp war der Trab beim Zurücknehmen näher als der Tölt, so dass Helgi den Trab wählte. Johanna ließ mich vor und beim Zurücknehmen mit den treibenden Hilfen genug positive Spannung aufbauen, damit Helgi sich stärker aufrichtete und in den Tölt übergehen konnte.
Ob das Pferd näher am Trab oder am Tölt ist, kann der Reiter im Sitz fühlen: Wenn das Pferd deutlich aufgerichtet ist, ist es näher am Tölt, wenn es eher vorwärts-abwärts läuft ist es näher am Trab. Der Reiter sollte also vorbeitend durch aktive Hilfengebung auf die gewünschte Reaktion hinarbeiten und das Pferd dann im richtigen Moment zurücknehmen.

Abbildung 54: Entenflügel zum Abstand halten

Freitag 05.04.

Respektprobleme und Vorwärtsreiten

Helgis Werdegang: Pferd drängelt, Reiter weicht. So nicht!

Um Helgis Rücken Zeit zur Erholung zu geben, habe ich eine Woche lang nur Bodenarbeit gemacht. In der heutigen Reitstunde mit einem geliehenen Sattel zeigt Helgi dann auch keinerlei Anzeichen von Schmerzen und läuft von Anfang an sehr schön locker.

Aber: Bei der Bodenarbeit, die wir vor dem Aufsitzen noch einlegen, drängelt Helgi über die Schulter auf mich zu. Und statt das zu unterbinden, mache ich einen Schritt zurück!

So geht das natürlich nicht. Johanna lässt mich erst einmal üben, Helgi weichen zu lassen. Ich konzentriere mich darauf, vorwärts statt rückwärts zu gehen, und siehe da: Helgi ist schnell wieder bereit, höflich zu sein und Abstand zu halten.

Johanna zeigt mir noch eine weitere Übung, mit der ich mit Helgi am Respekt arbeiten kann: Er soll beim Führen hinter mir laufen. Wenn er drängelt, mache ich »Entenflügel« und winke mit den Armen, bis Helgi wieder Abstand hält. Ich komme mir ein wenig albern vor, aber da muss ich wohl durch. Anfangs muss ich noch zweimal stehen bleiben und ihn mit den winkenden Armen einen Schritt rückwärts treiben. Dann versteht Helgi, dass er nicht drängeln darf und hält höflich Abstand. Na gut, für das Ergebnis mache ich mich auch gern mal lächerlich.

Nach dem Aufsitzen stehen die Zeichen der Reitstunde ganz auf dem flüssigen Vorwärtsgehen. Wir trainieren den Trab, der heute sehr schwungvoll und mit weit ausgreifender Vorhand ausfällt. Danach lässt Johanna uns noch einige Runden galoppieren. Auf dem kleinen Reitplatz ist es leider nicht einfach, im Galopp den Schwung zu erhalten. Das Resultat fühlt sich entsprechend gelaufen und viertaktig an.

Wir bekommen also die Hausaufgabe, in der nächsten Zeit viel auszureiten, damit Helgi fleißig vorwärts gehen und die Frühlingsenergie abbauen kann. Leider habe ich den sehr gut passenden geliehenen Sattel nur für ein paar Tage zur Verfügung. Jetzt muss schnell ein neuer Sattel her, damit Helgi nicht zu lange stehen muss.

Johannas Rat: Weichen zum Aufbau von Respekt

In den letzten Wochen hatte Helgi sich wieder angewöhnt, den Sicherheitsabstand zu mir zu vernachlässigen. Jetzt ließ Johanna mich daran arbeiten, Helgi freundlich und mit möglichst minimalen Hilfen zu erklären, dass er den höflichen Abstand zum Menschen immer respektieren muss. Dazu geeignet sind zum Beispiel das Führen vor dem Pferd (siehe ***Übung 1*** *im Abschnitt* ***Herkömmliche Bodenarbeitsübungen****) und das Weichen allgemein (****Übung 3****). Wenn das Pferd diese Übungen akzeptiert und bereitwillig vor dem Reiter weicht, reicht das oft schon, Diskussionen um die Rangordnung im weiteren Verlauf zu vermeiden.*

Auch das fleißige Vorwärts-Reiten sowohl auf dem Reitplatz als auch im Gelände kann gerade im Frühling helfen, Konflikte zu vermeiden. Wenn Pferd und Reiter gemeinsam Spaß daran haben, im flotten Tempo voran zu reiten, wird überschüssige Energie abgebaut und erst gar kein Konfliktpotential aufgebaut.

Samstag 13.04.

Schreckhaft und aufgedreht

Helgis Werdegang: Ein Pulverfässchen

Keiner der Sättel, die ich in der letzten Woche ausprobiert habe, passte so richtig gut. Wir müssen also wieder Bodenarbeit machen, obwohl ich viel lieber reiten würde. Helgi ist aufgedreht und schreckhaft, da es heute recht windig und kalt ist. Ein fehlendes Brett am

Begrenzungszaun des Reitplatzes ist mit einem Flatterband ersetzt worden, das laut schnarrt als ich Helgi daran vorbeiführe. Er macht einen Riesen-Satz. Ich lasse ihn im Longierzirkel frei laufen, was er weidlich ausnutzt. Er rast so schnell im Kreis, dass ich mir Sorgen mache, ob er wohl auf seinen Füßen bleiben wird. Das schafft er zum Glück, und nach einer Viertelstunde fast ununterbrochenem Galopp und Trab ist er wieder halbwegs ruhig. Auf dem Rückweg am Flatterband vorbei macht er aber gleich wieder einen Satz, so dass ich das Gefühl habe, dass er wieder vor Nervosität vibriert, als ich ihn in den Paddock zurückbringe.

Abbildung 55: Aufgeregtes Pferd

Hoffentlich ist der neue Sattel bald gefunden – nur mit Bodenarbeit komme ich mit Helgis momentanen Energielevel einfach nicht mit. Heute hatte ich das Gefühl, mit einem kleinen Pulverfässchen zu arbeiten. Von meinem sonst so gelassenen, kooperativen Helgi war weit und breit keine Spur.

Johannas Rat: Energie abbauen durch viel Bewegung und Konzentrationsübungen

Als ich ihr von Helgis Verhalten am 13.04. erzählte, bestätigte Johanna mir meine Vermutung: In dieser Frühlingsphase vor Beginn der Weidesaison wäre es grundsätzlich wichtig gewesen, Helgi im Gelände viel und fleißig vorwärts zu reiten. Wegen des fehlenden Sattels ging dies leider nicht. Das vergleichsweise kurze Laufenlassen im Zirkel (**Übung 20** im Abschnitt **Übungen mit dem freilaufenden Pferd**) half, aber nicht genug. Johanna hätte in dieser Situation geraten, eine Longe zu holen und Helgi mit abwechselnd fleißigem Vorwärtsgehen und Durchparieren (**Übung 12** im Abschnitt **Herkömmliche Bodenarbeitsübungen**) konsequent zur Konzentration aufzufordern und so seine überschüssige Energie kontrolliert abzubauen.

Freitag 26.04.

Steigen und Buckeln

Helgis Werdegang: Da haben wir den Salat

Seit gestern ist der neue Sattel da. Er passt auf den ersten Blick gut, ist aber noch recht steif und rutscht mehr, als der baugleiche geliehene Sattel, mit dem Helgi vor zwei Wochen so gut zurechtgekommen war.

Helgi ist nicht amüsiert. Sei es der neue Sattel, sei es Bewegungsmangel, der Sturm, der uns in den letzten Tagen heimgesucht hat, oder auch das Pferd, das neben uns im Longierzirkel buckelte: Gestern hat Helgi den Aufstand geprobt. Er wollte mich kaum aufsitzen lassen, lief rückwärts oder seitwärts statt vorwärts, fing an mit den Vorderbeinen zu hüpfen und dann zu steigen, und schließlich buckelte er.

Ich eigne mich definitiv nicht zur Rodeo-Reiterin!

Also verbrachten Helgi und ich den Rest der gestrigen Einheit im inzwischen frei gewordenen Longierzirkel. Er musste ordentlich rennen. Danach war er halbwegs brav und ich hätte vermutlich reiten können, aber mit meinen leicht zittrigen Knien wollte ich keinen unnötigen Konflikt riskieren.

Heute ist zum Glück wieder Reitstunde. Johanna reagiert unaufgeregt auf meinen recht atemlosen Bericht des gestrigen Abenteuers. Dass ich mich gestern nicht auf einen Kampf eingelassen habe, findet sie gut. Wir beginnen die heutige Reitstunde damit, Helgi auf dem Reitplatz laufen zu lassen, damit er sich die überschüssige Energie aus den Knochen galoppieren kann. Das tut er dann auch mit Freude. Beim Aufsitzen, bei dem Johanna vorsichtshalber an seinem Kopf steht, bleibt er brav stehen.

Beim Versuch anzureiten demonstrieren wir dann aber sofort, was gestern auch passiert ist: Helgi geht rückwärts und fängt an, mit den Vorderbeinen zu hüpfen und ein Steigen anzudeuten.

Johannas Lösung: Mit Biegung zur Seite anreiten und so lange auf einer Volte bleiben, bis Helgi von sich aus anbietet, geradeaus zu gehen. Nach ein paar Runden Volte klappt das auch. Sobald er wieder mit Dummheiten anfängt, gehen wir wieder auf eine Volte. Nach ein paar Versuchen geht Helgi brav geradeaus.

Antraben will er heute anfangs gar nicht. Auch gut, dann wird eben getöltet. Das klappt ohne Diskussionen, wenn auch anfangs etwas spannig. Nachdem der Tölt lockerer geworden ist, holt Johanna uns nochmal in die Mitte und lässt mich absteigen. Einmal ums Pferd herum

Abbildung 56: Anreiten mit Biegung

gehen und auf der anderen Seite aufsteigen. Beim Anreiten gibt es wieder eine Diskussion mit Rückwärtsgehen und angedeutetem Steigen, die aber über konsequentes Abwenden in eine Volte relativ schnell wieder beendet ist.

Also gleich nochmal: Absteigen, wieder aufsteigen, anreiten. Diesmal führt Johanna Helgi die ersten zwei Schritte und er geht brav geradeaus, als sie uns allein lässt. Beim nächsten Versuch ohne Johannas Hilfe geht Helgi wieder rückwärts... Nach einer halben Volte klappt das Vorwärtsgehen aber, so dass wir wieder zur Tagesordnung übergehen.

Tölt, Galopp, auch der Trab, jetzt ist alles kein Thema mehr. Helgi läuft locker und im Takt.

Zum Schluss üben wir noch ein weiteres Mal das Aufsteigen und Anreiten. Ohne Volte klappt das immer noch nicht, danach läuft Helgi aber problemlos geradeaus.

Naja, der Trick mit der Volte wird jetzt wohl bis auf weiteres zur Tagesordnung gehören. Aber immerhin gab es heute kein Rodeo-Reiten, und mit Johannas Tipps traue ich mir auch zu, in der nächsten Woche allein mit meinem plötzlich aufsässigen Pferd zurechtzukommen.

Über die nächsten Tage üben Helgi und ich also geradeaus gehen. Auf dem Reitplatz gibt es immer wieder Diskussionen. Ich bin verunsichert: Mit welchem Recht will ich mein offensichtlich unwilliges Pferd zwingen, mich reiten zu lassen? Er ist ja kein Sportgerät, das ich benutzen kann wie ich will. Bisher hatte ich immer Pferde, die mit dem Geritten-Werden zumindest einverstanden waren. Helgi ist das momentan offensichtlich so gar nicht.

Glücklicherweise haben wir die Probleme nur, wenn ich auf dem Platz reiten will. Sobald Helgi merkt, dass es ins Gelände geht, ist er wie ausgewechselt und läuft fleißig und gut gelaunt vorwärts. Das Thema scheint kein grundsätzliches zu sein, was mich unendlich erleichtert. Wir gehen also viel ausreiten und üben immer nur sehr kurz auf den Reitplatz.

Und siehe da: Im Gelände sind wir ein Herz und eine Seele, und auch die Diskussionen auf dem Reitplatz werden langsam aber sicher weniger.

Puh.

Johannas Rat: Was tun, wenn's hakt?

Wie einleitend schon erwähnt, war Helgis deutliche Abwehrreaktion Ende April aus Johannas Sicht eine Situation, die in der Jungpferdeausbildung normalerweise nicht vorkommen sollte. Wir mussten zu diesem Zeitpunkt also innehalten und dem Problem auf den Grund gehen, bevor wir in Helgis Ausbildung fortfahren konnten.

Dabei waren Johanna mehrere Aspekte wichtig:

1. Wir stellten sicher, dass Helgi keine starken Schmerzen hatte.
   Beim Abtasten seines Rückens zeigte Helgi keine Reaktion, und er lief ohne Reiter klar und locker. Seine Körpersprache und sein sonstiges Verhalten sprachen dafür, dass körperlich alles in Ordnung war. Daher entschieden wir uns, dass ich ihn weiter reiten sollte. Eine Untersuchung durch den Tierarzt bestärkte uns einige Tage später in dieser Entscheidung.

2. In den nachfolgenden Wochen sollte ich Helgi immer erst für einige Zeit im Longierzirkel oder auf dem Reitplatz fleißig vorwärts laufen lassen, entweder an der Longe (siehe **Übung 12** im Abschnitt **Herkömmliche Bodenarbeitsübungen**) oder frei (**Übung 20** im Abschnitt **Übungen mit dem freilaufenden Pferd**). Dadurch hatte Helgi einerseits Gelegenheit, seine überschüssige Energie abzuarbeiten und seine Muskeln zu lockern, und wurde andererseits durch meine treibenden Hilfen an den notwendigen Respekt und das Weichen vor dem Reiter erinnert.

Abbildung 57: Biegung verhindert Steigen

3. Um Helgi die Gelegenheit zu geben, sich wieder an die Idee des Geritten-Werdens zu gewöhnen, ging Johanna für einige Zeit mit Helgi und mir wieder ganz an den Anfang der Ausbildung zurück. Wir übten das Aufsteigen und Anreiten und vor allem das fleißige Vorwärts-Gehen unter dem Reiter.

4. Dabei musste ich immer klar und konsequent mit meinen Hilfen sein, um Helgi erst gar nicht die Idee zu vermitteln, dass er steigen oder buckeln könnte, um sich zu entziehen. In dieser Situation war es Johanna sehr wichtig, dass ich es nie zu einer Eskalation kommen ließ. Das Laufenlassen vor dem Aufsitzen trug dazu bei, das Konfliktpotential von vorne herein zu verringern. Ein weiterer wichtiger Punkt für meine Sicherheit war, immer sofort auf eine Volte abzuwenden, wenn Helgi anfing das Steigen anzudeuten. Ein gebogenes Pferd kann nicht steigen oder buckeln, so dass die Arbeit in Biegung (**Übung 31**) in dieser Situation besonders wichtig war, um einen potentiellen Sturz zu vermeiden.

5. Andererseits war es gerade in dieser Situation wichtig, das Vorwärts-Denken zu betonen. Ich arbeitete also viel daran, Helgi mit Aufgaben wie dem Tempo-Verstärken auf dem Reitplatz (**Übung 32**) und vor allem auch im Gelände (**Übung 37**) müde zu machen. Da Helgi im Gelände bereitwillig mitarbeitete und sich nur auf dem Reitplatz widersetzte, hielten wir die Einheiten auf dem Platz sehr kurz. Ich arbeitete überwiegend im Gelände mit Helgi.

6. Um nicht zu riskieren, dass sich im Rahmen der spielerischen Bodenarbeit weitere Respektprobleme einschlichen, riet Johanna mir, eine zweiwöchige Pause mit dieser Arbeit zu machen und mich auf die oben beschriebenen Punkte zu konzentrieren.

Mit Hilfe dieser Arbeit konnten wir Helgi glücklicherweise schnell überzeugen, wieder bereitwillig mitzuarbeiten.

Mai/Juni

Viel Abwechslung, Energie und Raumgriff

Abbildung 58: Lange Ausritte

Helgis Werdegang: Und jetzt wird er zum Traumpferd

Anfang Mai war Helgi immer noch nicht überzeugt, dass Reiten auf dem Reitplatz Spaß macht. Glücklicherweise war er aber wieder kooperationsbereit und diskutierte nicht mehr so viel wie im Vormonat. Ich bot ihm möglichst viel Abwechslung mit langen Ausritten. Beim Reiten auf dem Platz wechselten wir zwischen konzentrierter Arbeit und vielen Tempounterschieden in Tölt, Trab und Galopp. Auch eine Reitstunde mit Stangenarbeit war dabei, die Helgi sehr viel Spaß zu machen schien.

Insgesamt schien Helgi mit diesem Programm recht zufrieden. Gegen Ende des Monats waren die Schwierigkeiten der letzten Wochen wie weggeblasen. Er ließ mich wieder problemlos aufsitzen, und das Reiten auf dem Platz klappte entspannt und ohne Diskussion.

Im Juni war Helgi dann wie ausgewechselt gegenüber dem Pferd, mit dem ich in den vergangenen Monaten so viele Schwierigkeiten hatte. Auf einmal war er wieder mit Feuereifer dabei und machte von Woche zu Woche große Fortschritte. Er lief im Tölt wieder locker und mit zunehmend ausgreifenden Bewegungen, und auch im Trab konnte ich ihn jetzt teilweise an den Zügel heranreiten und so einen sauberen, schwungvollen Zweitakt erreichen.

Ich war begeistert.

Mal wieder innerhalb kürzester Zeit von am Boden zerstört zu himmelhochjauchzend – Abenteuer Jungpferdeausbildung!

Johannas Rat:

Ausreiten, Stangenarbeit und mehr

Wie Helgis rapide positive Entwicklung im Mai und Juni zeigte, hatte Johanna im April offensichtlich die richtige Lösungsstrategie gewählt. Um diese Entwicklung zu unterstützen, gestaltete sie in den letzten beiden Monaten des ersten Ausbildungsjahres das Programm weiterhin möglichst abwechslungsreich und interessant für Helgi. Dadurch entwickelte er schnell wieder sichtlich Spaß an der Arbeit.

Siehe dazu auch das Prinzip **Aufmerksamkeit und Flexibilität** im Abschnitt **Grundlagen und Prinzipien der Jungpferdeausbildung**: Je ausgewogener und abwechslungsreicher das Training, desto bereitwilliger wird das junge Pferd mitarbeiten.

Helgi hat das in diesen beiden Monaten recht anschaulich bestätigt: Er ist ein Pferd, das sich schnell langweilt und schon einmal frustriert reagiert, wenn er zu lange am selben Thema arbeiten muss. In der schwierigen Phase nach den Ereignissen im April war unser Schwerpunkt auf einer möglichst abwechslungsreichen Arbeit also sehr wichtig. Andererseits legt Johanna aber auch Wert darauf, von einem jungen Pferd auch immer wieder Konzentration einzufordern und die Phasen der Arbeit an einem Thema langsam aber sicher zu verlängern. So lernt das Pferd, auch bei der Arbeit an Details konzentriert bei der Sache zu bleiben.

Freitag 03.05.

Stangenarbeit zur Abwechslung

Helgis Werdegang: Das hat Spaß gemacht – uns beiden!

Gestern hatten wir schon eine Reitstunde. Helgi hat nach kurzen Anfangsschwierigkeiten sehr schön mitgearbeitet. Heute gibt es zur Abwechslung ein ganz anderes Thema: Johanna legt neben dem Hufschlag Trabstangen aus.

Helgi geht nach dem Aufsteigen wieder kurz rückwärts. Wie so häufig in der letzten Zeit muss ich also wieder über eine Volte anreiten. Das fühlt sich heute aber eher wie eine Formalität an, und nach einer halben Volte geht Helgi problemlos vorwärts. Beim Aufwärmen macht er schön mit und biegt sich, gibt im Genick nach und ist allgemein so kooperativ, wie ich ihn vor unserer Krise im letzten Monat kannte.

Jetzt kommt der erste Trab über die Stangen, und seine Ohren spitzen sich. Er kennt Stangenarbeit schon freilaufend ohne Reiter, aber mit mir im Sattel ist er noch nie über Stangen getrabt. Anfangs stellen wir uns entsprechend dumm an, und Helgi stolpert viel. Er bekommt aber schnell heraus, wann er die Füße heben muss, und das Stolpern hört bald auf. Allerdings habe ich Schwierigkeiten, auf dem engen Zirkel immer die Stangen zu treffen – so gut ist unsere Koordination auf engen Wendungen wohl noch nicht. Macht nix, Helgi ist mit Feuereifer bei der Sache und wir haben Spaß.

Johanna macht es uns einfacher und legt die Stangen auf den Hufschlag. Jetzt treffen wir sie auch! Irgendwann landet Helgi nach einer Stange im Galopp – auch gut, dann galoppieren wir halt über die Stangen. Johanna legt eine der Stangen hoch, jetzt haben wir die 30 cm, die Helgi auch frei schon »gesprungen« ist. Nach zweimal reißen klappt auch das, und Helgi ist Feuer und Flamme. Immer wenn wir Schritt reiten, weil Johanna die Stangen korrigiert, will er wieder antraben und die nächste Stange anpeilen.

Abbildung 59: Stangenarbeit macht beiden Spaß

Am Schluss schaffen wir den »Parcours« im Galopp, allerdings bekomme ich es häufig nicht hin, die Stange unten an der kurzen Seite auch zu erwischen. Den kleinen Sprung an der langen Seite nehmen wir allerdings immer mit Bravour – Helgi ist spürbar stolz auf sich und will das Hindernis von sich aus schaffen.

Mir fällt ein Stein vom Herzen. Nach Wochen, in denen ich nicht sicher war, ob mein Pferd nicht viel lieber gar nicht geritten würde, hat mir Helgi heute gezeigt, dass er genauso viel Spaß an der Reitstunde hatte wie ich.

Johannas Rat: Abwechslung als Mittel zur Motivation

Wie oben schon erwähnt, legte Johanna Wert darauf, Helgi nach den Schwierigkeiten im April möglichst viel Abwechslung zu bieten, um ihm das Geritten-Werden wieder schmackhaft zu machen. Eine Möglichkeit, ihm eine interessante neue Aufgabe zu geben, war die Stangenarbeit unter dem Reiter (siehe **Übung 33** im Abschnitt **Übungen im Sattel**). Mit Hilfe der Stangenarbeit vom Boden aus (**Übung 20** im Abschnitt **Übungen mit dem freilaufenden Pferd**) hatte Helgi bereits gelernt, sein eigenes Gleichgewicht über den Stangen zu finden. Jetzt kam das Reitergewicht hinzu, was natürlich den Schwierigkeitsgrad gegenüber der Arbeit am Boden deutlich erhöhte.

Diese Stangenarbeit mit und ohne Reiter ist Johannas Erfahrung nach für viele Pferde eine Herausforderung, an der sie viel Spaß entwickeln können. Das war bei Helgi besonders ausgeprägt und hat so geholfen, ihn wieder für die Arbeit unter dem Sattel zu motivieren.

Grundsätzlich ist die Arbeit mit Trabstangen eine schöne Übung, um die körperliche Balance von Pferd und Reiter zu trainieren. Auch die Exaktheit der Hilfengebung und die Koordination zwischen Reiter und Pferd werden trainiert, wenn man sich einen Parcours aufbaut und die Hindernisse exakt anreitet. Daher baut Johanna diese Übung gerne in das Training ein, sowohl bei Jungpferden als auch im Laufe der weiteren Ausbildung von erwachsenen Pferden.

Sonntag 12.05.

Gehorsames Traumpferd mit hoch-weitem Tölt

Helgis Werdegang: Hurra, wir fliegen!

In der letzten Woche habe ich weiterhin für viel Abwechslung gesorgt. Wir waren mehrfach ausreiten, und einmal habe ich Helgi frei springen lassen, was er mit viel Begeisterung gemeistert hat. Heute geht es wieder mit meinem Mann und seinem Pferd Skarpur

Abbildung 60: Spaß beim Tölt

zusammen ins Gelände, und wir erkunden neue Wege. Das macht Helgi offensichtlich Spaß: Er guckt mit hochgestellten Ohren in der Gegend herum, läuft dabei aber schön entspannt geradeaus.

Auf dem Rückweg Richtung Stall tölten wir ein Stück leicht bergauf. Skarpur legt vor uns ein ordentliches Tempo vor. Ich halte Helgi kurz zurück, um ihn zusammenzustellen und seine Hinterhand unter den Körper zu holen. Wir tölten sehr schön langsam und versammelt an und üben dann Tempo-Verstärken, wie wir es auf dem Reitplatz auch schon trainiert haben.

Und ein kleines Wunder geschieht!

Mein Pferd baut sich vor mir auf und gibt alles. Wir ziehen mit fliegenden Hufen an Skarpur vorbei, und ich höre hinter mir nur noch ein begeistertes »Wow!« Natürlich hält der Zauber nicht lange – nach dreißig oder vierzig Metern bekommen wir eine Rolle in den Tölt, und ich muss wieder langsam reiten, um den Takt zu korrigieren.

Aber das hat Spaß gemacht!

Johannas Rat: Viel konsequente Arbeit und ein nur scheinbar sprunghafter Fortschritt

Die von Johanna vorgegebene Mischung im Training der letzten Wochen, in denen wir viel Abwechslung mit einer konsequenten Arbeit am Gehorsam und an der Versammlung kombiniert haben, hatte geholfen, Helgi wieder zu motivieren und einen scheinbar sprunghaften Fortschritt im Mai zu erreichen.

*So sehr mir das auch wie ein Wunder erschien, kam es natürlich nicht von ungefähr, sondern basierte auf der Arbeit der letzten Monate. Helgi konnte jetzt im Gelände mit viel Energie das Tempo-Verstärken (**Übung 37** im Abschnitt **Übungen im Gelände**) zumindest für einige*

Meter so ausführen, wie Johanna es mit dieser Übung erreichen wollte: Er hob Schulter und Rücken an und lief mit schwingendem Rücken und weit ausgreifenden Vorderbeinen fleißig vorwärts.

Johanna betont immer wieder, dass solche scheinbaren Sprünge im Fortschritt der Ausbildung normal sind, genauso wie auch kleine und manchmal auch etwas größere Rückschritte vorkommen werden. Der Reiter sollte sich über jeden Fortschritt freuen und behutsam darauf aufbauen. Gerade nach einem Erfolgserlebnis ist die Versuchung natürlich groß, gleich noch mehr zu wollen. Dabei sollten Reiter und Trainer aber nicht vergessen, dass das Pferd noch jung ist und der aktuelle Fortschritt jetzt gefestigt werden muss, bevor der nächste Schritt kommen kann.

Freitag 07.06.

Ausgewogenheit und Balance

Helgis Werdegang: Johanna ist streng mit uns, und Helgi blüht auf

Heute ist Helgi mal wieder recht hektisch und läuft zu Beginn unserer Reitstunde noch leicht spannig. Er möchte am liebsten sofort lostölten – und zuhören ist heute so gar nicht sein Ding. Manchmal erlaube ich ihm in so einer Situation, seine überschüssige Energie im Tölt abzubauen, aber heute ist Johanna streng mit uns. Helgi muss im Schritt bleiben und konzentriert mit ausgreifenden Schritten vorwärts-abwärts gehen.

Wichtig für mich: Ich soll Helgi aktiv an den langen Zügel heranreiten. Wenn ich die Zügel wegwerfe sobald er nachgibt, kommt der Kopf sofort wieder hoch. Wenn ich weich bei ihm bleibe, streckt Helgi sich nach unten und bleibt am Zügel. Das ist keine Neuigkeit, aber etwas, an das Johanna mich immer wieder erinnern muss. Irgendwann lerne ich das noch!

Für das körperliche Gleichgewicht gibt es heute viele Richtungswechsel. Wichtig hier: Von mir kommt das Kommando zum Abwenden, Helgi macht den Rest. So kann er seine Balance finden, ohne dass ich mit zu detaillierten Hilfen »dazwischenfunke« und ihn störe. Auch das ist natürlich nicht neu, aber wichtig genug, dass mich Johanna noch einmal daran erinnert.

Sobald Helgi locker und fleißig vorwärts-abwärts geht, wird zum Ausgleich wieder positive Spannung aufgebaut, damit er nicht auf die Vorhand kommt. Dazu lässt uns Johanna erst im Schritt, dann im Tölt auf dem Zirkel im langsamen Tempo durch Schritte-Verkürzen an der Versammlung arbeiten, bis Helgi sich aufrichtet und der Rücken gut mitschwingt.

Sobald wir ausreichend positive Spannung aufgebaut haben, wird diese Spannung über ein Geraderichten auf der ganzen Bahn mit deutlichem Zulegen im Tempo wieder herausgelassen. Helgi macht dies offensichtlich Spaß: Selbst auf dem kurzen Reitplatz »schweben« wir heute mit locker schwingender Schulter die lange Seite hinauf.

So macht Reiten richtig Spaß! Und zwar nicht nur mir, sondern Helgi offensichtlich auch.

Johannas Rat: Verschiedene Aspekte der Balance

Je nach Situation kann es manchmal sinnvoll sein, einem nervösen jungen Pferd zu erlauben, seine Spannung gleich zu Anfang der Reiteinheit über das Tempo abzubauen. Ein Beispiel dafür war die Reitstunde vom **Donnerstag 20.09. Zusammenspiel von Schenkel und Zügel**, in der wir Helgi für seine anfängliche Geduld beim Stillstehen belohnten, indem wir ihn direkt nach dem Aufsitzen im Tölt zügig voran gehen ließen.

Am 07.06. hatte Johanna aber den Eindruck, dass ein Anfangen im Tölt leicht dazu führen könnte, dass Helgi sich noch mehr verspannte. Also fingen wir an diesem Tag mit einer entspannenden Übung, dem Vorwärts-Abwärts-Reiten (**Übung 28** im Abschnitt **Übungen im Sattel**) an. So konnten wir seine anfängliche negative Spannung lösen, bevor wir anfingen, mit Richtungswechseln (**Übung 30**) an seiner körperlichen Balance zu arbeiten.

Abbildung 61: Manchmal im Tölt anfangen

Danach war Helgi dann soweit, dass Johanna mich mittels Schritte-Verkürzen (**Übung 27**) eine neue, positive Spannung aufbauen und diese für das Tempo-Verstärken (**Übung 32**) nutzen ließ, damit Helgi mit lockerer Schulter und hoch-weiten Bewegungen vorwärts ging.

Wir haben in dieser Reitstunde in mehrfacher Hinsicht mit dem Gleichgewicht gespielt (siehe dazu das Prinzip Ausgewogenheit und Balance im Abschnitt **Grundlagen und Prinzipien der Jungpferdeausbildung**):

- Helgis körperliche Balance
- Die Balance zwischen positiver Spannung und Entspannung
- Die Balance zwischen Micromanagement und »alles wegwerfen«/das Pferd alleine lassen

Unabhängig vom Gangvermögen des Pferdes ist für Johanna die Geschmeidigkeit das Ziel jeder Ausbildung. Bei dem einem Pferd fällt die Bewegung vielleicht höher und weiter aus, als bei einem anderen. Aber jedes Pferd kann und soll mit lockerem Genick, selbst getragenem Rücken und schwingender Schulter geritten werden. So bleibt das Pferd bis ins hohe Alter gesund und fit.

Diese Geschmeidigkeit findet sich genau in der Mitte zwischen der positiven Spannung und der Entspannung.

Freitag 21.06.

Im höheren Tempo an den Zügel heran reiten

Helgis Werdegang: Schwungvoll und geschmeidig

In der heutigen Reitstunde arbeiten wir noch einmal daran, auf der gebogenen Linie positive Spannung aufzubauen, um sie dann in fleißiges Vorwärtsgehen umzusetzen. Jetzt allerdings mit einer neuen Schwierigkeitsstufe: Ich soll die aufgebaute Energie auch im höheren Tempo erhalten, statt sie wie bisher gleich wieder abzubauen.

Das ist koordinativ gar nicht so einfach.

Wir üben zuerst im Schritt: Ich reite Helgi im langsamen Tempo an den Zügel heran, bis die Hinterhand tief unter den Körper tritt und er weich im Genick nachgibt. Dann wird sofort fleißig vorwärts geritten, und ich treibe Helgi im höheren Schritttempo an den Zügel heran. Helgi ist anfangs noch verwirrt. Bisher habe ich beim Vorwärtsreiten immer viel Platz mit der Hand gelassen, so dass er sich im Hals verlängern konnte. Meine ersten Versuche, ihn im höheren Tempo aktiv an den (vergleichsweise kurzen) Zügel heran zu reiten, enden erstmal wieder im sehr langsamen Schritt.

Beim dritten Versuch platzt dann der Knoten: Helgi versteht, dass er fleißig vorwärts gehen und gleichzeitig im Genick nachgeben kann. Bei mir platzt ein sehr ähnlicher Knoten. Ich kann jetzt einerseits auch im fleißigen Schritt genug Druck machen, dass Helgis Energie nicht verloren geht, und dabei andererseits gleichzeitig so weich in der Hand bleiben, dass er fleißig vorwärts gehen kann.

Abbildung 62: Nachhgeben im fleißigen Schritt

Helgi war also nicht der einzige, dem dieser Aha-Effekt bisher gefehlt hatte!

Den Erfolg im Schritt will Johanna dann gleich in den Tölt mitnehmen. Versammeln, nachgeben, vorwärts an den Zügel heranreiten, bis das auf dem Zirkel gut klappt. Dann lösen wir auf und es geht auf die ganze Bahn, mit Tempo-Verstärken an den langen Seiten. Helgi soll beim Tempo-Verstärken nachgeben, ich bleibe mit weicher Hand bei ihm, statt beim Verstärken mit der Hand vor zu gehen wie bisher immer.

Wow, das macht einen ordentlichen Unterschied!

Helgi legt zu, ohne auseinanderzufallen und den Takt zu verlieren. Beim Zurücknehmen haben wir noch Schwierigkeiten: Die lange Seite auf unserem Reitplatz ist ja leider nicht sehr lang, so dass ich oft mit den verwahrenden Hilfen zu spät bin und Helgi sich steif macht. Also nur ganz kurz zulegen und gleich wieder einfangen, und siehe da: Wir kommen locker durch die Kurve und können gleich wieder zulegen. Sogar bergab klappt das auf einmal gut, das konnten wir bisher noch nicht.

Nachdem das im Tölt klappt, üben wir es noch kurz im Trab. Ziel der Sache auch hier: Energie aufbauen, um im Endeffekt auch im Trab ein Tempo-Verstärken mit hoch-weiten Bewegungen reiten zu können. Helgi ist im Trab zwar inzwischen recht stabil, aber die erwünschten hoch-weiten Bewegungen erreichen wir heute noch nicht. Johanna ist erstmal damit zufrieden, dass Helgi im Rücken schwingt und die Schritte länger werden.

Und ich bin glücklich mit dem schwungvollen Trab, den Helgi auf einmal anbietet. Was für ein tolles kleines Pferdchen!

Zum Abschluss dann – ganz wichtig: Nach den Übungen mit viel Druck und Versammlung darf die Entspannung nicht zu kurz kommen. Wir tölten auf dem Zirkel, und zwar mit gerade genug Druck, um den Tölt halten zu können. Ich bin im leichten Sitz und reite Helgi vorwärts-abwärts. Er soll sich entspannen und den Hals lang machen. Dabei trabt er mir einmal aus – das ist okay, da habe ich dann doch ein bisschen zu wenig getrieben. Danach finden wir das Gleichmaß, und Helgi töltet locker im Kreis.

So langsam bekomme ich eine Idee, wo wir hinmüssen. Helgi ist jetzt soweit, dass wir zu den Feinheiten kommen können, mit denen die Geschmeidigkeit jederzeit abrufbar werden soll.

Johannas Rat: Auf den gelegten Grundlagen aufbauen

Am Ende seines ersten Ausbildungsjahres war Helgi jetzt soweit, dass er das Zusammenspiel der treibenden und verwahrenden Hilfen in einem langsamen Grundtempo gut verinnerlicht hatte. Er wusste, wie er den aufgebauten Druck in Energie und eine gute Aufrichtung umsetzen konnte. Im höheren Tempo ist das für Pferd und Reiter schwieriger: Je höher das Grundtempo, desto mehr Kraft kostet es das Pferd, sich selbst zu tragen. Diese Kraft muss im Laufe des ersten Trainingsjahres aufgebaut werden. Erst wenn sowohl diese Kraft als auch das Grundverständnis der versammelnden Hilfengebung vorhanden sind, arbeitet Johanna an einer energiereichen positiven Spannung im höheren Tempo.

Auch für den Reiter ist die versammelnde Arbeit im höheren Grundtempo anspruchsvoller als bei der langsamen Arbeit, bei der mehr Zeit für korrigierende Reaktionen zur Verfügung steht. Die Arbeit im langsamen Tempo muss also auch beim Reiter schon verinnerlicht sein und Korrekturen sollten instinktiv erfolgen, bevor das Gelernte in das hohe Tempo mitgenommen werden kann.

Johannas Ziel bei dieser Übung ist es, kleine Fehler in jedem Tempo korrigieren zu können. Dadurch wird es möglich, im Fluss zu bleiben und über die Fehler hinwegzureiten, so dass Pferd und Reiter immer vorwärts denken können und nie den Schwung verlieren. Das lässt sie ihre Schützlinge üben, indem das Pferd erst im langsamen Grundtempo vorwärts an den Zügel geritten und dann das Tempo immer weiter gesteigert wird. Sie erreicht also mit Hilfe von **Übung 32** aus Abschnitt **Übungen im Sattel** (Tempo verstärken), **Übung 27** (Schritte Verkürzen) und **Übung 28** (Vorwärts-Abwärts-Reiten), dass Pferd und Reiter im hohen Tempo genauso mit dem Gleichgewicht zwischen positiver Spannung und Entspannung spielen können, wie im langsameren Tempo.

Montag 02.07.

Das erste Mal Ovalbahn

Helgis Werdegang: Der krönende Abschluss des ersten Jahres

Streng genommen gehört der heutige Tag ja schon nicht mehr zum ersten Ausbildungsjahr. Aber das heutige Training mit Helgi auf der Ovalbahn des Nachbarhofes hat mich so beeindruckt, dass ich es unbedingt noch erzählen muss.

Abbildung 63: Ovalbahntraining

Auf dem Weg zur Ovalbahn müssen wir an einer Weide vorbei, auf der ein Junghengst laut trompetend an den Zaun kommt. Helgi findet das natürlich sehr aufregend, und auch die Ovalbahn selbst müssen wir erst mit einer Runde Führen gründlich inspizieren, bevor Helgis erste Nervosität sich soweit gelegt hat, dass ich aufsteigen kann.

Johanna lässt mich dann gleich sehr konzentriert anfangen. Ich soll Helgi im Tölt zusammenstellen und seine volle Aufmerksamkeit einfordern. Mit Erfolg: Helgi wandelt seine restliche Nervosität in Energie um und trägt sich sehr schön selbst.

Der Versuch, die Energie an der langen Seite herauszulassen und das Tempo zu verstärken, klappt dann allerdings erstmal nicht so gut. Obwohl wir jetzt viel Platz haben, den wir zum Zulegen nutzen könnten, läuft Helgi verhalten. Die lockeren, hoch-weiten Bewegungen in der Schulter, die wir in der letzten Zeit beim Tempo-Verstärken gelegentlich herauskitzeln konnten, bleiben erstmal aus.

Nicht schlimm, sagt Johanna, ich soll da drüber hinwegreiten. Wir bleiben in einem höheren Grundtempo, und prompt demonstrieren wir Johanna eine kleine Schwierigkeit, mit der ich in letzter Zeit im Gelände immer wieder zu tun hatte: Helgi töltet eine kurze Strecke sehr schön locker und flüssig, dann wird er zu lang und fängt an zu rollen.

Johanna findet das nur natürlich: Bei der Arbeit auf dem heimatlichen Platz können wir immer nur eine sehr kurze Strecke in höherem Tempo tölten, bevor die Kurve kommt. Helgi ist schlicht nicht gewohnt, längere Strecken in höherem Tempo sauber zu tölten.

Das Schöne an der Ovalbahn ist, dass ich hier Platz habe, Fehler zu ignorieren und weiter am richtigen Takt zu arbeiten, bevor die »kurze« Seite kommt – die hier natürlich auch vergleichsweise lang ist und kein deutliches Zurücknehmen erfordert. Wir üben also weiter das Darüberhinweg-Reiten, und siehe da: wir schaffen eine lange Seite schwungvollen Tölt, ohne dass der Takt verloren geht.

Der Rücken schwingt, die Schulter auch: Wow, das fühlt sich an wie Fliegen!

Nach diesem schönen Erfolg kommt ein Themawechsel. Wir trainieren Galopp und Trab. Beides klappt gut, mit sehr viel Schwung und Raumgriff. Das Nachgeben und Laufen in Haltung funktioniert noch nicht durchgehend. Aber dafür, dass wir das im Galopp bisher noch nie so konsequent geübt hatten, klappt es phasenweise schon sehr gut. Helgis sonst so gelaufener Galopp wird auf einmal dreitaktig und teilweise perfekt durchgesprungen.

Und schon wieder fliegen wir über die Ovalbahn! Immer nur für kurze Abschnitte, aber ich bin trotzdem glücklich.

Insgesamt war das ein sehr schönes Training. Helgi und ich müssen noch viel lernen, aber wir haben in unserem ersten gemeinsamen Jahr viel mehr erreicht, als ich mir zu Anfang hätte träumen lassen.

Ich habe mit Helgi einen richtigen Glücksgriff getan. Und Johannas konsequente, immer positive Anleitung hat nicht nur Helgi, sondern auch mich mit Riesenschritten weitergebracht.

Abbildung 64: Lange Strecken auf der Ovalbahn nutzen

Johannas Rat:

Abwechslung zwischen Reitplatz und Ovalbahn

Wenn die örtlichen Gegebenheiten es zulassen, hält Johanna es für sehr hilfreich, im Training zwischen einem kleinen Reitplatz und einer Ovalbahn abzuwechseln. Auf dem Platz muss sehr exakt geritten werden, weil dort zwangsläufig mit kurzen Strecken und engen Kurven gearbeitet wird. Das Pferd muss sich gut ausbalancieren und trainiert so sein Gleichgewicht in allen Gangarten. Ein Pferd, das auf einem kleinen Reitplatz mit Gefälle Schritt, Trab, Tölt und Galopp laufen kann, kann dies auch überall sonst.

Allerdings gibt es bei den kurzen Strecken sehr wenig Spielraum, über Fehler hinwegzureiten und sie so in Ruhe zu korrigieren. Die Ovalbahn (oder alternativ eine lange, gerade Strecke im Gelände) gibt uns diese Möglichkeit.

Wie auch in der vorangegangenen Reitstunde auf dem Reitplatz ließ Johanna mich am 02.07. mit Hilfe von **Übung 32** (Tempo verstärken), **Übung 27** (Schritte Verkürzen) und **Übung 28** (Vorwärts-Abwärts-Reiten) aus dem Abschnitt **Übungen im Sattel** mit dem Gleichgewicht zwischen positiver Spannung und Entspannung spielen. Zusätzlich lösten wir Helgi über ein Schulter-Herein (**Übung 26**), um ihn auf den langen Seiten der Ovalbahn biegsam zu halten. Dadurch wurde Helgi zusehends lockerer und lief schließlich mit sehr schön getragenem Rücken und ausgreifenden Bewegungen.

Fazit

nach dem ersten Jahr

Abbildung 65: Helgi und ich

Nun ist das erste Ausbildungsjahr also vorbei. Seitdem ist auch schon einige Zeit ins Land gezogen, während dieses Buch entstand. Würde ich Helgi noch einmal kaufen, wenn ich heute die Wahl hätte, meine Entscheidung von damals zu wiederholen oder zu revidieren?

Die Antwort ist ein eindeutiges »JA!« Ich bin immer noch rundherum glücklich mit meinem inzwischen nicht mehr ganz so jungen Pferd.

Abbildung 66: Johanna gibt wichtige Tipps

Nun habe ich natürlich mit Helgi sowohl charakterlich als auch vom Gangvermögen her sehr viel Glück gehabt. Helgi hat mir das Experiment »Jungpferdeausbildung« vergleichsweise leicht gemacht. Er hat sowohl (größtenteils) bereitwillig mitgearbeitet, als auch die körperlichen Voraussetzungen mitgebracht, zu einem leichttrittigen, sich locker selbst tragenden Reitpferd zu werden.

Insgesamt war ich sehr zufrieden mit Helgis Ausbildungsstand nach dem ersten Jahr. Wir haben gemeinsam Dinge erarbeitet, die ich mir zu Beginn des Jahres selbst noch gar nicht zugetraut hätte.

Trotz des positiven Ergebnisses war das Jahr aber nicht immer einfach. Phasen mit unfassbar schnellen Fortschritten wechselten sich ab mit längeren Durststrecken, in denen es scheinbar mehr Rückschritte als Fortschritt gab. Ich hatte mir natürlich im Vorfeld bewusst gemacht, dass Helgis Ausbildung nicht einfach werden würde. Trotzdem waren diese Rückschritte teilweise recht entmutigend für mich.

Als Helgi im April das Steigen und Buckeln anfing, kamen auch Zweifel auf, ob meine Reitkünste diesem doch recht temperamentvollen Pferd überhaupt gewachsen seien. Glücklicherweise konnte Johanna in dieser Situation schnell und effektiv helfen, so dass diese zwischenzeitlich unüberwindlich scheinenden Schwierigkeiten erstaunlich schnell behoben waren.

Das hat mir anschaulich vor Augen geführt, wie wichtig die Betreuung einer professionellen Trainerin für mich war und auch immer noch ist. Ohne Johannas Hilfe wäre mein Projekt »Jungpferdeausbildung« nicht zu einem Erfolg geworden. Dabei geht es gar nicht so sehr um aktiven Beritt – Johanna hat Helgi während des gesamten ersten Jahres nur ein einziges Mal geritten. Ihre Unterstützung durch Ratschläge beim regelmäßigen Training war hingegen unbezahlbar. Johanna konnte in vielen Situationen sehr viel besser abschätzen, ob zum Beispiel eine bestimmte Übung in einer Situation zielführend war oder nicht, oder ob ich eine Übung mit Helgi konsequent zu Ende bringen oder lieber abbrechen und auf einer niedrigeren Schwierigkeitsstufe neu beginnen sollte.
Wie oben erwähnt gab es des Öfteren Situationen in Helgis Ausbildung, in denen ich ohne Johannas Hilfe nicht weitergekommen wäre. Aber gerade auch in den Phasen, in denen Helgis Ausbildung sehr gut lief, war Johannas Unterstützung oft Gold wert: Zusammen mit Helgi habe ich gelernt, wie es sich anfühlen muss, wenn das Pferd sich unter dem Reiter selbst trägt und mit schwingendem Rücken vorwärts geht. Dass ich reiterlich jemals so weit kommen würde, hätte ich mir vor Beginn des »Abenteuers Helgi« nie träumen lassen – und ohne Johannas regelmäßige Ratschläge hätte ich diesen Punkt auch nicht erreichen können.

Natürlich bin ich in diesem Jahr nicht zu einer perfekten Reiterin geworden – und Helgi ist auch kein perfekt ausgebildetes Reitpferd[4]. Aber das erklärte Ziel der Ausbildung haben wir erreicht:

Aus dem noch sehr rohen Jungpferd Helgi ist ein zuverlässiger Freizeitpartner geworden.

---

4 Mehr dazu im Abschnitt **Perfektionismus ist nicht mein Freund** im zweiten Teil.

TEIL 2

Erfahrungen und Trainingsvorschläge

Erfahrungen

aus *Helgis* Ausbildung

Abbildung 67: Helgi

Wie in meinem Fazit nach dem ersten Jahr erwähnt, brauchte ich als Freizeitreiterin bei Helgis Ausbildung viel Rat und Hilfe. Zum Glück hatte ich Johannas Unterstützung, so dass ich immer Ratschläge von ihr bekommen konnte, wenn ich sie brauchte.

Nichtdestotrotz war Helgis Ausbildung in weiten Teilen mein eigenes Projekt und lag in meiner Verantwortung. Johanna konnte schließlich nicht immer dabei sein, wenn ich mit Helgi trainierte. Ich fand mich oft in Situationen, in denen ich allein vor der Fragestellung stand, wie ich meinem jungen Pferd eine bestimmte Übung verständlich machen konnte.

Das war nicht immer einfach. Obwohl Helgi ein sehr kooperationsbereites und lernwilliges Pferd ist, fanden wir uns immer wieder in Situationen, in denen so gar nichts klappen wollte.

Von einigen dieser teilweise auch recht nervenaufreibenden Situationen habe ich im ersten Teil schon berichtet. Das waren Momente, in denen ich allein nicht weiterwusste, so dass ich Johannas Rat dazu dringend brauchte und auch bekam.

Abbildung 68: Positive Motivation durch Lob

Im täglichen Training gab es aber auch viele andere, weniger dramatische Missverständnisse zwischen Helgi und mir. Wie gut ich diese Missverständnisse auflösen konnte, lag häufig an der Einstellung, mit der ich an das Thema heranging. Einerseits musste ich immer mit genug Selbstvertrauen agieren, dass Helgi daraus Sicherheit gewann und die Aufgabe selbstbewusst anging. Andererseits fehlte mir aber oft die Erfahrung, eine Situation zu hundert Prozent korrekt zu beurteilen. Daher musste ich immer auch bereit sein, meine eigenen Ideen in Frage zu stellen und bei Bedarf so lange zu korrigieren, bis Helgi verstand, was er tun sollte, und wir die Aufgabe mit einem positiven Ergebnis beenden konnten.

Das war gelegentlich eine schwierige Gradwanderung, die mir auch nicht immer perfekt gelungen ist. In diesem Kapitel will ich einige Ideen vorstellen, die mir diese knifflige Aufgabe erleichtert haben.

Diese Ideen stützen sich in weiten Teilen auf die Prinzipien der Arbeit mit Pferden, die ich von Johanna gelernt habe. Eine Übersicht über die Ideen hinter Johannas Konzept, die ich aus ihrem Training mitgenommen habe, kann weiter vorne im Kapitel **Grundlagen und Prinzipien der Jungpferdeausbildung** noch einmal nachgelesen werden. Hier kurz zur Wiederholung:

Für Johanna sind die wichtigsten Grundlagen für das Training von Pferden jeden Alters das **Vertrauen** und der **Respekt**. Darauf aufbauend vermittelt sie dem Pferd ein grundlegendes **Verständnis der Hilfen** und etabliert die **Kontrolle über Richtung und Tempo**, bevor sie an den Feinheiten **Losgelassenheit, Takt und Geraderichtung** arbeitet und schlussendlich das oberste Ziel der **Versammlung** erreicht.

Diese Grundlagen baut Johanna auf, indem sie ihre Arbeit nach drei wichtigen Prinzipien gestaltet: Sie arbeitet aktiv an der **positiven Motivation** von Pferd und Reiter, achtet auf die physische und psychische **Ausgewogenheit und Balance** im Training und reagiert jederzeit **aufmerksam und flexibel** auf die Bedürfnisse von Pferd und Reiter.

Vor allem das Prinzip der positiven Motivation ist mir persönlich sehr wichtig. Jede der im Folgenden aufgeführten Ideen beruht auf diesem Prinzip:

Positiv an Herausforderungen heranzugehen und diese zusammen mit dem Pferd zu meistern, ist für mich die Grundvoraussetzung dafür, als Freizeitreiterin auch ohne jahrelange Erfahrung in der Jungpferdeausbildung mit einem jungen Pferd arbeiten zu können.

Hier also die Ideen, die ich aus Johannas Training einerseits und meinen Erfahrungen als Freizeitreiterin andererseits mitgenommen habe.

Die Sache mit dem Respekt

Respekt und Vertrauen sind mit gutem Grund die wichtigsten Grundlagen, auf denen Johanna ihr Ausbildungskonzept aufsetzt. Allerdings können diese beiden Grundlagen leicht falsch verstanden werden. Dazu gehört, dass der Respekt des Pferdes vor dem Reiter zwar sehr wichtig ist, aber nicht zum Selbstzweck werden sollte. Respekt setzt Vertrauen voraus, und umgekehrt baut Vertrauen auf gegenseitigem Respekt auf. Und Vertrauen fällt nicht vom Himmel, sondern muss genauso erarbeitet werden, wie der Respekt.

Abbildung 69: Respekt erarbeiten

Respekt ist wichtig, aber nicht alles

»Setz' dich durch!«
»Dein Pferd veräppelt dich!«
»Wenn du ihm das durchgehen lässt, respektiert er dich nicht mehr!«

Wie oft habe ich solche oder ähnliche Sätze von Trainern und teilweise auch von anderen Freizeitreitern gehört, bevor ich Johanna traf. Diese Sätze hatten in der jeweiligen Situation auch durchaus ihre Berechtigung. Aber die Botschaft, die bei mir durch diese Anweisungen ankam, war für mich oft mehr hinderlich als hilfreich: Ich habe aus dieser Art Training den Eindruck mitgenommen, ich müsste mich in jeder schwierigen Situation um jeden Preis und mit allen Mitteln durchsetzen, um den Respekt des Pferdes nicht zu verlieren.

Abbildung 70: Frechheit ist selten das Problem

Was mir hingegen oft gefehlt hat, war die Information, aus welchem Grund eine Übung gerade nicht funktionierte, und was ich tun musste, um zu einem guten Abschluss zu kommen. Schließlich war es nicht unbedingt immer Frechheit des Pferdes, die zum Konflikt führte. Oder genauer gesagt: Frechheit des Pferdes war tatsächlich eher selten die Ursache eines Problems. Allzu oft war es mein Fehler in der Hilfengebung, oder ein anderes Missverständnis in der Kommunikation. In dem Fall führte »mich durchsetzen« oder »dem Pferd den (vermeintlichen) Ungehorsam nicht durchgehen lassen« oft zu einem eskalierenden Konflikt, der sehr frustrierend sein konnte. Und das nicht nur für mich, sondern auch für mein zu Unrecht zurechtgewiesenes Pferd.

Johanna betrachtet dieses Thema sehr viel differenzierter, als ich es von anderen Trainern kannte. Den Respekt zu trainieren, hält sie selbstverständlich für sehr wichtig. Auch sie hat mir im Laufe von Helgis Ausbildung gelegentlich etwas ähnliches gesagt, wenn eine Übung nicht auf Anhieb klappen wollte. Allerdings hat sie es etwas anders formuliert:

»Mach die Übung zu Ende. Ihr könnt das beide.«

Der wesentliche Unterschied in der Formulierung liegt für mich hier im Nachsatz: Johanna sieht, wenn die Hilfen des Reiters korrekt sind, und weiß, ob das Pferd die Übung gut genug verstanden hat, um sie korrekt auszuführen. Wenn beides gegeben ist, besteht sie darauf, dass sich Pferd und Reiter so lange anstrengen, bis die Übung mit einem positiven Ergebnis beendet werden kann.

In anderen Situationen sieht sie sofort, wenn ich zum Beispiel meine Hilfen falsch oder zum falschen Zeitpunkt gebe, oder wenn Helgi mit einer Aufgabe momentan überfordert ist und die Aufgabenstellung im Schwierigkeitsgrad reduziert werden muss.

Mir hingegen fehlt die Erfahrung, diese Fragen in jeder Situation beurteilen zu können. Manchmal bin ich mir sicher, dass ich die Hilfen korrekt gegeben habe, und dass Helgi die Übung beherrscht. In diesem Fall bin auch ich durchaus einmal konsequent und fordere Helgi freundlich aber bestimmt auf, sich Mühe zu geben und die Übung so gut durchzuführen, wie er kann.

Wenn ich mir aber nicht sicher bin, wo die Ursache eines Missverständnisses liegt, habe ich durch Johannas Anleitung gelernt, das Problem lieber aus einem anderen Blickwinkel zu betrachten, als (wie ich es bedauerlicherweise in der Vergangenheit manchmal getan habe) stur mit denselben Hilfen weiter zu arbeiten und zu erwarten, dass das Ergebnis sich ändert. Stattdessen versuche ich durch eine Variation der Übung das Ziel zu erreichen, ohne einen unnötigen Streit mit meinem Pferd anzufangen.

Mehr dazu weiter unten, im Abschnitt **Themawechsel statt Eskalation: Flexibel reagieren**.

Respekt und Vertrauen bedingen sich gegenseitig

Abbildung 71: Vertrauen

Auch das ist ein Punkt, den Johanna immer wieder betont: Das Pferd kann einem Menschen nur respektieren, wenn es ihm vertraut. Umgekehrt ist Respekt eine wichtige Voraussetzung für das Vertrauen des Pferdes, dass der Mensch auch in aus Sicht des Pferdes angsterregenden Situationen die richtigen Entscheidungen treffen wird.

Respekt ohne Vertrauen ist für mich kein Respekt, sondern Angst. Und Angst ist keine Basis, auf der ich meine Beziehung zu meinem Pferd aufbauen möchte.

Andererseits ist es natürlich auch wichtig zu beachten, dass Aufdringlichkeit und andere kleine Zeichen der Respektlosigkeit zwar manchmal wie Zuneigung und Vertrauen aussehen, auf lange Sicht aber dazu führen können, dass eine wichtige Basis für das Vertrauen in schwierigen Situationen verloren geht: Wenn das Pferd zu häufig das Gefühl bekommt, dass es die Führung übernehmen kann, wird es in schwierigen Situationen eventuell glauben, diese Führung auch übernehmen zu müssen. Nur wenn es den Reiter respektiert, wird es ihm zutrauen, beide Beteiligten mit heiler Haut nach Hause zu bekommen.

Vertrauen will erarbeitet sein – auf beiden Seiten

»Warum vertraut mein Pferd mir nicht?«

Abbildung 72: Gegenseitig kennenlernen

Gerade am Anfang seines ersten Jahres bei mir hat Helgi mich gelegentlich einmal vor diese Frage gestellt. Wir hatten schwierige Situationen im Gelände, in denen er die Kuh auf der anderen Seite des Weidezauns mit schreckgeweiteten Augen anstarrte. Oder er scheute vor einem Flatterband am Reitplatz und wirkte für einen Moment nicht nur völlig verängstigt, sondern auch gefährlich explosiv. Alle meine Beruhigungsversuche ignorierte er. Ich saß dann im Sattel (oder stand neben ihm, wenn ich abgestiegen war, um ihn zu beruhigen) und wusste nicht, ob mein Pferd im nächsten Moment umdrehen und im gestreckten Galopp zum Stall zurück rennen würde.

Das konnte gelegentlich recht frustrierend sein, war aber im Nachhinein gesehen keine Überraschung.

Denn: Vertrauen fällt nicht vom Himmel. Es wird auch nicht durch Kuscheln oder Leckerlies erkauft, sondern muss erarbeitet werden. Und zwar nicht nur das Vertrauen des Pferdes zum Reiter, sondern auch umgekehrt das Vertrauen des Reiters, dass das Pferd in einer gegebenen Situation vernünftig reagieren wird und kontrollierbar bleibt. Johanna hat im Laufe von Helgis Ausbildung mehrfach betont, wie wichtig es ist, dass Pferd und Reiter sich sehr gut kennenlernen und sich dadurch gegenseitig einschätzen können. Vertrauen kann schlussendlich nur entstehen, wenn man sich gut genug kennt, um zu wissen, wie der andere in einer bestimmten Situation reagieren wird.

Abbildung 73: Vertrauen, dass das Pferd die Aufgabe erfüllen wird

Auch in weniger brenzligen Situationen ist das gegenseitige Vertrauen wichtig. Und nicht nur das Vertrauen, sondern auch das Selbstbewusstsein sowohl beim Reiter als auch beim Pferd, das uns erlaubt, eine Aufgabe mit dem nötigen Optimismus anzugehen.

Damit hatte ich im Laufe von Helgis Ausbildung immer mal wieder Schwierigkeiten: Wenn ich eine Übung selbst nicht hundertprozentig beherrsche, kommt es immer wieder vor, dass ich etwas zögerlich an das Thema herangehe: Kann ich Helgi vermitteln, was er tun soll? Wird er die richtige Reaktion zeigen, wenn ich nicht alles richtig mache und ihm so eine Ausrede biete, die Übung nicht oder nicht korrekt auszuführen?

Solche Fragen verunsichern oft nicht nur mich, sondern Helgi gleich mit. Das Resultat ist dann genau das, was ich eigentlich verhindern wollte – nämlich, dass die Übung nicht oder nur sehr dürftig funktioniert.

Wenn ich es hingegen schaffe, meine Zweifel wegzuschieben und darauf vertraue, dass Helgi und ich das Ziel der Übung erreichen werden, arbeitet Helgi oft sehr motiviert mit. Vielleicht klappt die Übung auch dann nicht gleich von Anfang an, aber mit einer positiven Einstellung meinerseits, und dem Vertrauen, dass Helgi die Aufgabe erfüllen will und wird, ist es oft viel leichter, sich langsam aber sicher an das Ziel »heran zu iterieren« und das Training mit einem positiven Ergebnis zu beenden.

Abwechslung im Training

Die zweite Schlüsselidee, die mir im Laufe von Helgis Ausbildung klar geworden ist, ist die Wichtigkeit der Flexibilität und Abwechslung im Training. Das bezieht sich auf mehrere Aspekte: Einerseits ist es wichtig, gemäß Johannas Prinzip der **Aufmerksamkeit und Flexibilität** immer auf die Reaktionen des Pferdes zu achten und bei Bedarf das Training an die Notwendigkeiten der Situation anzupassen. Andererseits kann es gerade bei einem jungen, aufgeschlossenen Pferd wie Helgi helfen, das Training interessant zu gestalten und bei Bedarf auch einmal über den Tellerrand hinaus zu schauen, um das junge Tier nicht zu langweilen.

Themawechsel statt Eskalation: Flexibel reagieren

Wenn eine Übung partout nicht klappen will, macht sich schnell Frustration breit. Ich merke dann häufig, dass ich »mit dem Kopf durch die Wand will« und mein Pferd nur noch mehr verwirre, indem ich die Hilfengebung verstärke, statt sie zu verändern. Dann hilft es mir oft, innezuhalten und mir das Ziel der aktuellen Übung noch einmal vor Augen zu halten: Gibt es einen anderen Weg als den, den ich gerade vergeblich versuche?

Häufig hilft es, den Schwierigkeitsgrad der Übung zu reduzieren oder mit kleinen Tricks zu arbeiten. Im Sattel will die Übung nicht funktionieren? Absteigen und die gleiche Übung vom Boden aus neu zu erklären wird den Knoten im Normalfall schnell zum Platzen bringen. Oder ganz frei arbeiten, wenn die Hilfengebung auch am Boden nicht gut funktioniert. Die Bande zu Hilfe nehmen, wenn das Pferd nicht geradeaus gehen will, mit einem Leckerli arbeiten, wenn das Abkauen nicht funktioniert – es gibt viele Möglichkeiten, eine Situation zu entschärfen und einen eskalierenden Konflikt zu vermeiden. Schlussendlich kommt es mir nicht darauf an, **wie** Helgi und ich ein gestecktes Ziel erreichen, sondern nur, **dass** wir es erreichen und beide mit einem Erfolgserlebnis aus der Übung herausgehen.

Abbildung 74: Mit einfachen Übungen arbeiten

Abbildung 75: Abwechslung macht Spaß

Keine Langeweile aufkommen lassen

Helgi ist ein sehr neugieriges Pferd und langweilt sich schnell, wenn er zu oft und zu lange an sehr ähnlichen Übungen arbeiten muss. Manchmal kann es sinnvoll sein, trotzdem darauf zu bestehen, dass er sich auf das aktuelle Thema konzentriert. Im Normalfall ist es aber für alle Beteiligten einfacher und angenehmer, ihm genug Abwechslung zu bieten, dass erst gar keine Langeweile aufkommt.

Ich habe also von vorne herein viele verschiedene Aspekte in die Arbeit mit Helgi eingebaut, um das Training so interessant wie möglich für ihn zu gestalten. Ich kann natürlich nicht sagen, ob und wenn ja welche Konflikte ich damit vermeiden konnte. Aber: Selbst in sehr schwierigen Phasen war Helgi immer aufgeschlossen und ist mir sowohl im Laufstall als auch auf der Weide frohgemut entgegengekommen, wenn ich ihn zu einer Trainingssession abholen kam. Dadurch hat mir die Arbeit mit ihm auch gleich mehr Spaß gemacht, was sich mit Sicherheit im Gegenzug auch wieder positiv auf Helgis Motivation ausgewirkt hat.

Und genau das ist für mich die Hauptsache bei der Freizeitreiterei: Die gemeinsame Arbeit soll Pferd und Reiter Spaß machen.

Die eigene Einstellung

Der Erfolg meiner Arbeit mit dem Pferd hängt zu einem erstaunlich großen Teil von meiner eigenen Einstellung ab. Das ist die dritte große Erkenntnis, die ich aus Helgis Ausbildung mitgenommen habe.

Der richtige Mittelweg zwischen Selbstbewusstsein und der Bereitwilligkeit, eigene Fehler zu erkennen und zu korrigieren, ist nicht nur beim Aufbau von Respekt und Vertrauen wichtig. Auch wenn diese Grundlagen einmal geschaffen sind, wird die Arbeit an der Hilfengebung oft stark beeinflusst von der Grundeinstellung, mit der der Reiter an die Aufgabe herangeht.

Ein Schlüssel dazu, so klischeehaft es auch klingen mag, ist für mich das positive Denken. Auch kleine Fortschritte zu schätzen und Fehler nicht überzubewerten, ist ein Aspekt dieser positiven Einstellung. Die Bereitschaft zur Arbeit an mir selbst ist ebenfalls ein Aspekt dieser Einstellung, und nicht zuletzt hat es mir geholfen, meine Erwartungen realistisch zu halten und die Ziele nicht so hoch zu stecken, dass sie unerreichbar sind.

Fortschritte bewusst wahrnehmen, Fehler nicht unnötig thematisieren

Welcher Freizeitreiter kennt das nicht: Eine Übung will so gar nicht klappen, und man beißt sich daran fest, den Fehler finden zu wollen. Oder man will viel zu viel auf einmal erreichen und ist dann enttäuscht, wenn das nicht klappt. Mir zumindest geht es häufig so.

Dabei ist doch auch ein kleiner Fortschritt ein Erfolg. Diese kleinen Erfolge bewusst wahrzunehmen, hilft nicht nur meiner eigenen Motivation. Es ermöglicht mir auch, Helgi immer sofort zu loben, wenn er etwas richtig gemacht hat.
Der Effekt eines Lobs auf Helgis Motivation ist oft beeindruckend stark. Er merkt sich sofort, was er richtig gemacht hat, und gibt sich sichtlich Mühe, das beim nächsten Versuch zu reproduzieren. Und eine kurze Pause nach einem noch so minimalen Erfolg, oder auch das

Abbildung 76: Fortschritte wahrnehmen und loben

Abbildung 77: In Bewegungsrichtung sitzen

Beenden der Übung mit einem guten Gefühl bei Pferd und Reiter, sorgt häufig dafür, dass die Übung beim nächsten Versuch gleich viel besser klappt.

Mit dem Pferd gemeinsam wachsen

Wer bin ich eigentlich, dass ich mir als durchschnittlich begabte Freizeitreiterin zutraue, ein junges Pferd auszubilden?

Mir war und ist von Anfang an nur allzu bewusst, wie viel ich eigentlich nicht weiß. Es können zu schnell Situationen auftreten, in denen meine reiterlichen Fähigkeiten der Herausforderung nicht gewachsen sind.

Wie im ersten Teil veranschaulicht, sind diese Situationen auch tatsächlich immer wieder aufgetreten. Mit Johannas Hilfe konnte ich zum Glück immer eine Lösung finden, die Helgi und mich wohlbehalten aus kleinen und manchmal auch größeren Krisen befreite. Aus diesen Situationen und ihren Lösungen habe ich im Laufe von Helgis ersten Ausbildungsjahr viel gelernt, was den allgemeinen Umgang mit einem Pferd betrifft.

Aber auch rein technisch habe ich in diesem Jahr viel gelernt. Und zwar nicht nur von Johanna, sondern auch von Helgi selbst: Sitze ich richtig zur Bewegungsrichtung? Wo ist der Punkt zwischen positiver Spannung und Entspannung, in der Helgi »in den Flow« kommt und geschmeidig und weitausgreifend töltet? Wie kann ich meinen Sitz und die Zügelführung weich gestalten, ohne das Pferd mit den Hilfen allein zu lassen? Wie viel Nähe kann ich zulassen, ohne Helgis Respekt zu verlieren, bzw. wie fordere ich eine höfliche Distanz ein, ohne grob oder ungerecht zu werden?

Gerade im letzten Punkt habe ich dabei oft aus unerfreulichen Fehlern gelernt. Aber auch Erfolge waren immer ein guter Lehrer. Das Gefühl, wenn Helgi sich unter mir aufbaute und im lockeren Tölt »losflog«, war eine Belohnung für gutes Reiten, die mich immer wieder motivierte, diesen Reitstil weiter auszubauen.

Abbildung 78: Balanceübungen für den Reiter

Auch unabhängig vom Training mit Helgi habe ich immer wieder an mir selbst gearbeitet. Zum Beispiel lässt sich die korrekte Zügelverbindung zum Pferdemaul auch mit dem Trainer üben (siehe **Abbildung 87: Johanna erklärt mir die Zügelhilfe** im Abschnitt **Hilfen richtig (dosiert) geben**).

An meiner eigenen Balance und Beweglichkeit habe ich mit Übungen ohne Pferd gearbeitet. Das kam Helgi und mir im gemeinsamen Training zugute.

Ich glaube, ich habe im Laufe von Helgis Ausbildung genauso viel gelernt, wie Helgi selbst. Das war auch von Anfang an das Ziel: Ich wollte mit meinem unerfahrenen, mir anfangs noch fremden jungen Pferd zu einem von gemeinsamen Erfahrungen geprägten Team zusammenwachsen.

Zugegebenermaßen war mir am Anfang dieses gemeinsamen Weges noch nicht wirklich bewusst, wie viel ich noch zu lernen hatte. Aber die Grundeinstellung, mit Helgi gemeinsam lernen zu wollen, war von Anfang an da. In schwierigen Situationen hat es mir oft geholfen, mir dieses Ziel vor Augen zu rufen und aus der Situation zu lernen, statt mich selbst damit zu verunsichern, dass ich nicht direkt die richtige Lösung parat hatte.

Perfektionismus ist nicht mein Freund

»Mein Pferd muss immer gehorsam sein und bereitwillig mitarbeiten. Es soll leichtrittig sein und jederzeit taktklar und flüssig laufen. Es soll sich immer freuen, mich zu sehen und für alles zu haben sein, was ich gemeinsam mit ihm tun will.«

Abbildung 79: Perfektion ist kein realistisches Ziel

Das war das Idealbild, mit dem ich ursprünglich an Helgis Ausbildung herangegangen bin. Ich halte es auch immer noch für ein sehr schönes Idealbild. Für einen erfahrenen Trainer mag es auch erreichbar sein.

Was mir im Laufe von Helgis Ausbildung aber sehr schnell klar wurde ist, dass dieses Ziel für mich persönlich unerreichbar ist. Mir fehlt die Erfahrung, Fehler von vorne herein zu vermeiden und das Pferd ohne größere Hürden zu einem perfekten Reitpferd auszubilden.

Diese Erkenntnis, so schmerzhaft sie auch war, hat mir nichtsdestotrotz in Helgis Ausbildung geholfen, das Training mit ihm entspannter anzugehen. So konnte ich Frustration bei mir selbst und bei meinem jungen Pferd vermeiden. Wie oben schon erwähnt, habe ich oft lieber einen Schritt zurück gemacht und eine leichtere Variante einer Aufgabe versucht, als mich zu verbeißen und einen unnötigen Konflikt zu provozieren.

Es gibt aber natürlich eine Kehrseite dieser Medaille: Gelegentlich habe ich zu früh aufgegeben und Helgi einen leichteren Ausweg angeboten, obwohl er mit ein bisschen Finetuning die schwierigere Variante durchaus hätte ausführen können. Dadurch hat er gelernt, dass er sich nicht immer zu hundert Prozent anstrengen muss, um eine Aufgabe zu lösen. Im Training mit Johanna erwischt sie uns immer wieder dabei, dass Helgi nur eine achtzigprozentige Leistung anbietet und ich nicht merke, dass er die Aufgabe viel besser ausführen könnte.

Gelegentlich nimmt Helgi es mit dem respektvollen Abstand von mir nicht so ganz genau, wenn ich ihn nicht daran erinnere. Und auch lange nach dem ersten Ausbildungsjahr haben wir immer noch Phasen, in denen – jetzt auf etwas höherem Niveau – so gar nichts klappen mag und ich mich frage, ob ich mein Pferd völlig falsch ausgebildet habe.

Helgi ist also definitiv kein perfekt ausgebildetes Pferd, und wird es auch nie sein. Das ist ein Preis, den ich in Kauf genommen habe, als ich mit Helgi ein Pferd kaufte, das ich zu großen Teilen selbst ausbilden musste.

Aber bei allen Schwierigkeiten, in denen wir uns von Zeit zu Zeit finden, sind wir trotzdem genau das Team, das mir vorschwebte, als ich mich naiv und guter Dinge auf das Abendteuer »Jungpferdeausbildung« eingelassen habe:

Helgi ist kein perfektes Reitpferd, genauso wenig, wie ich eine perfekte Reiterin bin. Aber er ist ein Pferd, das perfekt zu mir passt.

Abbildung 80: Nicht perfekt, aber perfekt für mich

Übungen

und Trainingsideen

Abbildung 81: Spielerisches Kennenlernen

Nach den eher allgemeinen Erfahrungen im letzten Abschnitt will ich jetzt die Übungen vorstellen, die ich mit Helgi im Laufe seiner Ausbildung gemacht habe. Das waren sowohl klassische Lektionen am Boden und im Sattel, als auch weniger konventionelle Übungen und kleine Spiele, mit denen ich für Abwechslung sorgen und Helgi näher kennenlernen wollte.

Im Sinne der Abwechslung im Training habe ich hier viele unterschiedliche Übungen aufgelistet. Neben den oben erwähnten traditionellen Übungen am Boden und im Sattel gibt es auch einen Abschnitt zu Übungen im Gelände und mehrere Kapitel zu anderen Alternativen. Diese Alternativen sind als Ideensammlung zu verstehen, aus der sich der Leser heraussuchen kann, was am besten zum eigenen Pferd passt. Nicht jedes Pferd wird jede Art von Übung mögen, und auch dem Reiter wird nicht alles liegen.

Gerade bei einem jungen Pferd sind beim Durchführen von Übungen, ob traditionell oder spielerisch, einige Dinge zu beachten. Daher vorab noch eine kurze Einführung mit allgemeinen Hinweisen, bevor wir zu den eigentlichen Übungen kommen.

Allgemeine Trainingstipps

Gegenseitiges Kennenlernen

Das gemeinsame Training mittels Übungen aller Art hat für mich neben der Ausbildung des Pferdes unter anderem auch das gegenseitige Kennenlernen zum Ziel. Wie oben im Abschnitt **Respekt und Vertrauen bedingen sich gegenseitig** erwähnt, ist das eine wichtige Voraussetzung für den Aufbau des gegenseitigen Vertrauens, und damit auch für den Respekt. Das fängt damit an herauszufinden, welche Übungen dem Pferd besonders liegen, welche es gehorsam mitmacht, und mit welchen Übungen es sich besonders schwertut.

Je mehr unterschiedliche Übungen ich mit Helgi gemacht habe, desto besser lernte ich einzuschätzen, wie er reagiert, wenn ihn etwas besonders begeistert, oder wenn er sich langweilt oder mit einer Übung unwohl fühlt. Ich konnte beobachten, wie Helgi mit neuen, ungewohnten und vielleicht anfangs sehr herausfordernden Situationen umging. Helgi beobachtete im Gegenzug mein Verhalten und lernte so einzuschätzen, wie ich reagierte, wenn er Angst oder Unwillen zeigte.

Zusätzlich zu diesem Aspekt, durch gegenseitiges Kennenlernen Vertrauen aufzubauen, sind viele der hier aufgezählten Übungen auch geeignet, den Respekt des jungen Pferdes vor dem Reiter zu trainieren. Diese Übungen arbeiten nach dem Prinzip »Distanz einfordern, Nähe erlauben«: Sie trainieren, dass das Pferd einerseits eine höfliche Distanz zum Menschen einhält und andererseits die Nähe des Reiters als entspannend empfindet.

Alle Punkte aus dem Abschnitt **Herkömmliche Bodenarbeitsübungen** weiter unten, bei denen der Reiter das Pferd durch Körpersprache von sich wegtreibt, arbeiten an dieser wichtigen Grundlage: Das Pferd wird animiert, die höfliche Distanz einzuhalten. Sobald es die Übung gut erfüllt hat, hören die treibenden Hilfen auf, und dem Pferd wird erlaubt, in der Nähe des Reiters zu bleiben und sich kurz auszuruhen.

Abbildung 82: Höfliche Distanz

Abbildung 83: Vorwärts denken

Den Vorwärtsdrang erhalten

Die Grundlage **Kontrolle über Richtung und Tempo**, die für Johanna nach **Vertrauen und Respekt** die zweitwichtigste Grundlage der Jungpferdeausbildung ist, hat einen Aspekt, den ich gelegentlich vergesse: Das Vorwärtsdenken.

Ich habe immer konsequent daran gearbeitet, dass Helgi sofort auf die verwahrenden und »lenkenden« Hilfen reagiert, sei es eine Parade oder ein Richtungswechsel. Genauso wichtig ist aber, dass das Pferd die treibenden Hilfen akzeptiert und das Vorwärtsdenken beibehält.

Das fleißige Vorwärtsgehen gehört genauso zum Grundgehorsam eines jungen Pferdes, wie das Akzeptieren der verwahrenden Hilfen. Das kann mal ein flotter Galopp sein, an dem Pferd und Reiter Spaß haben. Im Normalfall ist das fleißige, flüssige Vorwärtsreiten aber in jedem Tempo wichtig: Es soll in allen Gangarten sowohl im langsamen als auch im schnelleren Tempo möglich sein, Energie aufzubauen und »nach vorne zu denken«.

»Nicht rückwärts denken« ist dann auch ein Hinweis, den ich in Reitstunden immer wieder zu hören bekomme. Helgi neigt gerne mal dazu, sich so deutlich zu versammeln, dass er sich zu kurz macht und spannig wird. Das liegt dann oft daran, dass nicht nur er, sondern vor allem auch ich zu stark auf die versammelnde Übung fokussiert bin und zu wenig »vorwärts denke«.

Diese Situation lässt sich auflösen, indem ich zum Beispiel durch Vorwärts-Abwärts-Reiten einen Kontrapunkt schaffe. Häufig reagiert Helgi aber besser, wenn ich aus der deutlichen Versammlung in eine schnellere Gangart übergehen und das Vorwärtsgehen explizit übe. Gegen Ende des ersten Ausbildungsjahres hat Johanna Helgi und mich auch gelegentlich einmal vor die Herausforderung gestellt, eine versammelnde Übung in höherem Tempo beizubehalten und so das Zusammenstellen und Vorwärtsgehen gleichzeitig zu üben.

Abbildung 84: Das Treiben nicht vergessen

Das war (und ist immer noch) eine echte Herausforderung für mich. Hier wird es besonders wichtig, weich in der Hand zu bleiben und schnell aber fein dosiert zu reagieren, wenn Helgi sich zu kurz oder zu lang macht. In diesen Situationen muss ich mich oft bewusst daran erinnern, dass Johanna mir gezeigt hat, wie sich die Verbindung zum Pferdemaul anfühlen muss (siehe unten im Abschnitt **Hilfen richtig (dosiert) geben**).

Insgesamt ist und bleibt das aktive Vorwärtsreiten für mich ein Punkt, den ich mir regelmäßig ins Gedächtnis rufen muss. Gerade weil Helgi von sich aus gerne vorwärts geht, ist es allzu leicht, das Treiben zu vergessen.

Hilfengebung

Um dem jungen Helgi die Hilfengebung zu erklären, musste ich meine mühsam erlernten, aufeinander abgestimmten Hilfen für eine Zeit vergessen: Anfangs werden die Hilfen immer nur einzeln gegeben. Und als ich das endlich verinnerlicht hatte, war Helgi soweit, dass die Hilfen wieder wie gewohnt kombiniert werden mussten. Ein anderes, manchmal schwieriges Thema war die richtige Dosierung der Hilfen: Ich durfte den jungen Helgi nie mit zu starken Hilfen überrumpeln oder gar Micromanagement betreiben, sollte ihn aber andererseits auch nicht komplett allein lassen.

Gar nicht so einfach – aber glücklicherweise hatte Johanna auch oft kleine Tricks, die es Helgi und mir leichter gemacht haben, eine Übung zu einem positiven Abschluss zu bringen.

Abbildung 85: Hilfengebung

Abbildung 86: Die Zügelhilfen am Boden erklären

Hilfenverständnis langsam aufbauen

Als Helgi zu mir kam, hatte er die ersten Grundlagen des Geritten-Werdens schon gelernt. Er war aber noch nicht soweit, dass er die Hilfengebung, und vor allem die Kombination der Hilfen, schon komplett verstanden hatte.

Er wusste schon, dass eine beidseitige Zügelhilfe das Kommando zum Durchparieren darstellt, und dass eine beidseitige Schenkelhilfe vorwärtstreibend wirkt. Wenn ich aber versuchte, Schenkel und Zügel gleichzeitig einzusetzen, war er verwirrt. Johanna ließ mich also das Durchparieren ohne den treibenden Schenkel üben, und wenn ich die Schenkel zum Treiben einsetzte, musste der Zügel sehr locker sein, damit Helgi verstand, dass er vorwärts gehen sollte.

Auch bei den seitwärts-lenkenden bzw. -treibenden Hilfen gilt, dass sie anfangs immer nur einzeln eingesetzt werden. Eine Volte wurde zum Beispiel durch eine deutliche Seitwärts-Bewegung der inneren Hand eingeleitet, ohne dass ich den äußeren Zügel oder die Schenkel einsetzen sollte.

Die Hilfen habe ich Helgi immer zuerst vom Boden aus erklärt (siehe **Übung 4** im Abschnitt **Herkömmliche Bodenarbeitsübungen**). Das hatte für mich den Vorteil, dass ich mich darauf konzentrieren konnte, die Zügelhilfen klar und deutlich zu geben, ohne mir Gedanken über die Gewichts- und Schenkelhilfen machen zu müssen. Helgi bekam so die Chance, die neue, ungewohnte Aufgabe zu erfüllen, ohne sich zusätzlich noch mit dem Ausbalancieren des ebenfalls anfangs noch ungewohnten Reitergewichts beschäftigen zu müssen. Wenn er eine Übung vom Boden aus verstanden hatte, war eine Wiederholung im Sattel oft verblüffend einfach.

Erst nachdem Helgi die Bedeutung der einzelnen Zügel- und Schenkel-Hilfen verstanden hatte, ging es daran, die Hilfen nach und nach zu kombinieren, bis es möglich war, ihn korrekt mit dem inneren Schenkel an den äußeren Zügel heranzutreiben.

Hilfen richtig (dosiert) geben

Wie weiter oben im Abschnitt **Mit dem Pferd gemeinsam wachsen** erwähnt, war Helgi nicht der Einzige, der die richtigen Hilfen erst lernen musste. Auch bei mir schlichen sich immer wieder kleine Fehler ein, und zwar nicht nur, wenn es darum ging, meine Gewohnheiten beim Zusammenspiel der Hilfen zu korrigieren.

Die Hilfen richtig dosiert zu geben, ist gerade bei einem jungen Pferd sehr wichtig – und nicht einfach. Johanna erwischte mich oft dabei, dass ich Helgi mit den Hilfen zu sehr alleine ließ, was ihn verwirrte und verunsicherte. Andererseits machte ich auch gelegentlich gerade mit den Zügeln zu viel, was erstrecht kontraproduktiv war.

Um zu verstehen, wie sich eine konstante, weiche Zügelverbindung anfühlen soll, hat es mir sehr geholfen, dass Johanna gelegentlich einmal den Zügel selbst in die Hand nahm und »Pferdemaul spielte«. Sie zeigte mir, wie ich weich mit der Hand mitgehen sollte, wenn Helgis Kopf sich beim Laufen mitbewegte. Johanna machte mir vor, wieviel Gewicht das Pferd auf den Zügel bringen soll. So konnte ich besser einzuschätzen, ob Helgi korrekt am Zügel ging oder sich darauflegte oder entzog.

Abbildung 87: Johanna erklärt mir die Zügelhilfe

Abbildung 88: Zeigen auf die Schulter als Hilfe

Auch für die Gewichtshilfen hat Johanna einen wichtigen Tipp. Beim Versuch, das Gewicht in Bewegungsrichtung zu verlagern, knicke ich gerne einmal in der Hüfte ein und gebe so eine Gewichtshilfe in die falsche Richtung. Johannas Abhilfe: Statt das Gewicht nur in der Hüfte zu verlagern, soll ich den entsprechenden Steigbügel austreten. Dadurch verlagert sich das komplette Körpergewicht, und das Einknicken in der Hüfte wird unterbunden. Und siehe da: Wenn ich diesen kleinen Trick anwende, tritt Helgi instinktiv unter mein verlagertes Gewicht, und meine seitwärtstreibende Hilfe ist erfolgreich. So einfach kann es sein!

Für die Gewichtshilfe gilt gerade beim jungen Pferd immer, dass das Gewicht in die Richtung führt, in die das Pferd laufen soll. Johanna ließ mich also bei seitwärts-führenden Übungen immer den Steigbügel auf der Seite austreten, in die Helgi sich bewegen sollte. Er trat dann seitwärts, um seinen Schwerpunkt wieder unter mein Gewicht zu verlagern.

Auch bei der Bodenarbeit und bei der Arbeit mit dem freilaufenden Pferd ist die richtige Dosierung der Hilfen wichtig. Wie beim Reiten gilt auch hier: Soviel wie nötig, so wenig wie möglich. Wenn zum Beispiel das Zeigen auf die Schulter des Pferdes reicht, um eine gewünschte Biegung zu erreichen oder zu unterbinden, dass das Pferd auf diese Schulter fällt, dann sollte die Hilfe auch nicht stärker ausfallen. Nur wenn diese Hilfe nicht ausreicht, wird die Schulter angetippt. Ähnliches gilt auch für die treibenden Hilfen. Wenn ein leichtes Anspannen der Schenkel reicht, um das Pferd zum Vorwärtsgehen zu animieren, wird nicht geklopft oder die Gerte eingesetzt. Mindestens genauso wichtig: Sobald das Pferd richtig reagiert, hört die Hilfe auf.

Ein weiterer Fehler, bei dem mich Johanna während unserer gemeinsamen Trainingseinheiten immer mal wieder erwischt hat, war der Versuch, Micromanagement zu betreiben: Ich wollte Helgi bis ins letzte Detail vorschreiben, wie er eine Übung umsetzen sollte. Dadurch habe ich ihn oft eher verwirrt (und teilweise auch aus seinem noch recht unsicheren Gleichgewicht gebracht), als dass ich ihm geholfen hätte. Stattdessen sollte ich Helgi nur mitteilen, was er tun sollte. Wenn ich ihm dann die konkrete Umsetzung der Aufgabe und das dazu notwendige neue Ausbalancieren seines Gleichgewichts selbst überlassen habe, kamen wir sehr viel besser zum Ziel, als wenn ich mich zu sehr »eingemischt« habe.

Körpersprache

Die Körpersprache ist vor allem bei der Bodenarbeit ein wichtiger Bestandteil der Kommunikation mit dem Pferd. Aber auch im Sattel hilft es mir gelegentlich, meine Körpersprache so zu korrigieren, dass sie ausdrückt, was ich Helgi gerade mit anderen Hilfen mitteilen möchte. Helgi kann das dann natürlich nicht sehen, aber sei es durch Körperspannung, sei es, weil meine sonstige Hilfengebung dann selbstbewusster ausfällt – die Botschaft scheint bei ihm anzukommen, wenn ich mich zum Beispiel groß mache, um ihn zum Gehorsam aufzufordern.

Am Boden wirkt die Körpersprache natürlich viel direkter. Sie ist für mich ein wertvolles Hilfsmittel, das sowohl die treibenden als auch die verwahrenden Hilfen unterstützen kann. Dabei geht es um recht kleine, für Pferd und Reiter intuitiv verständliche Gesten: Zum Treiben richte ich mich auf, nehme die Schultern zurück und blicke auf die Körperpartie des Pferdes, die ich treiben möchte. Auch die Position, in der ich stehe, ist natürlich relevant. Um das Pferd rückwärts weichen zu lassen, bietet es sich an, vor dem Kopf des Pferdes zu stehen. Bei seitwärts weichenden Übungen stehe ich neben dem Pferd.

Abbildung 89: Schulter vorschieben zum Antreten

Die Richtung, in die das Pferd weichen soll, wird durch die Blickrichtung kommuniziert. Für einen Seitwärtsschritt der Vorderbeine blicke ich auf Helgis Schulter, für ein Weichen der Hinterhand auf seine Hüfte. Um ihn (zum Beispiel an der Longe) vorwärts zu treiben, geht mein Blick in Richtung seiner Hinterbeine.

Die eigene Körperhaltung kann dem Pferd auch zeigen, in welche Richtung es laufen soll. Wenn ich (z.B. zum Führen) neben Helgi stehe, lädt ein Vorschieben der zum Pferd gewandten Schulter zum Beispiel zum Antreten an. Ein Drehen in Laufrichtung beim Longieren oder frei laufen ermuntert das Pferd zuzulegen, ein Drehen in die entgegengesetzte Richtung wirkt verwahrend.

Wie gesagt, all das sind kleine Gesten, die dem Pferd intuitiv verständlich sind. Ich habe sie im Laufe der Zeit instinktiv gelernt und im Umgang mit Helgi verfeinert. Da Pferde individuell auf die Körpersprache des Reiters reagieren, ist ein gemeinsamer Feinschliff mit dem eigenen Pferd unerlässlich. Wenn man sich gut genug kennt, geht diese Art der Kommunikation schnell in Fleisch und Blut über und braucht keine bewusste Steuerung mehr.

Kleine Tricks erleichtern die Kommunikation

Jedes Hilfsmittel das es mir erleichtert, Helgi meine Intention verständlich zu machen, ist mir willkommen. Das gilt gerade auch für kleine Tricks, die ein besserer Reiter vielleicht gar nicht braucht, um dasselbe Ziel zu erreichen.

Ein schönes Beispiel hierfür war das Leckerli, das Helgi bekam, um ihm das Abkauen zu erklären (siehe Trainingseinheit **Freitag 20.07. Abkauen und beidseitiger Zügel** im Kapitel **Juli/Aug: Hilfen verstehen, Abkauen, Hilfen-Zusammenspiel**). Natürlich hätte ich dieses Ziel auch ohne das Leckerli erreichen können. Aber der kleine Trick hat Helgi geholfen, das Ziel der Übung viel schneller zu verstehen, als er es sonst getan hätte.

Kleine Tricks können also allen Beteiligten das Leben leichter machen. Solange diese Tricks nicht zur dauerhaften Krücke werden, ohne die nichts klappt, spricht für mich alles dafür, sie einzusetzen. Es gibt viele Varianten von kleinen Hilfsmitteln, die die gemeinsame Arbeit mit dem jungen Pferd erleichtern können.

Abbildung 90: Die Bande als Leitplanke

Zum Beispiel kann die Bande bei einer seitwärts-weichenden Übung oder auch nur beim Geradeausreiten als Begrenzung genutzt werden, um dem Pferd die gewünschte Bewegungsrichtung zu erklären. Eine Person am Boden kann unterstützen, wenn es schwierig ist, dem Pferd eine Übung vom Sattel aus zu erklären. Wenn ein junges Pferd sich weigert, sich einer gefährlich aussehenden Stelle zu nähern, kann ein erfahreneres Pferd hinzugeholt werden, das vorgeht und dem jungen Pferd demonstriert, dass die Stelle ungefährlich ist. Diese und hundert andere kleine Tricks können das Eis brechen und nicht nur dem Reiter, sondern vor allem auch dem jungen Pferd den Stress nehmen und so ein gesetztes Ziel erreichbar machen. Wenn der erste Schritt einmal getan ist, fällt es oft leicht, das Ziel beim nächsten Versuch auch ohne den Trick zu erreichen.

Unterschiedliche Trainingssituation richtig begleiten

Zusätzlich zu den traditionellen Lektionen am Boden und im Sattel habe ich mit Helgi auch viele unkonventionellere Übungen gemacht, um uns beiden möglichst viel Abwechslung zu bieten. Dabei musste ich einige Dinge beachten, um Helgi nicht mit dem Wechsel zwischen den verschiedenen Herangehensweisen zu verwirren.

Ganz wichtig ist dabei, den Kontext für das Pferd klar verständlich zu machen. Ein anderer Aspekt ist das Futterlob, das ich gerade bei der Freiarbeit gerne einsetze. Damit das Pferd nicht aufdringlich und frech wird, sind dabei einige Punkte zu beachten.

Kontext schaffen

Bei der Freiarbeit mit Helgi gibt es häufig Situationen, in denen ich ihn selbst entscheiden lasse, ob er eine Aufgabe erfüllen will oder nicht. Auch gewisse Verhaltensweisen, die beim traditionellen Training unerwünscht sind, lasse ich in spielerischen Situationen gelegentlich bewusst zu.

Abbildung 91: Sonst unerwünschte Reaktionen

Das kann problematisch sein, wenn das Pferd nicht klar zwischen Situationen unterscheiden kann, in denen es autonom selbst entscheiden kann, und anderen Situationen, in denen es die Anweisungen des Reiters nicht hinterfragen soll und gehorchen muss. Wenn ich meinem Pferd in einer bestimmten Situation ein bestimmtes Verhalten erlaube, dann darf ich es selbstverständlich nicht in einer anderen Situation ohne Vorwarnung für dasselbe Verhalten bestrafen.

Ich habe aber die Erfahrung gemacht, dass Pferde durchaus zwischen verschiedenen Kontexten unterscheiden und ihr Verhalten entsprechend anpassen können. Helgis Vorgänger Tandri hatte zum Beispiel gelernt, sich eine Decke vom Rücken zu ziehen. Er wusste ganz genau, welche Decke das war, und kam beim Satteln nie auf die Idee, sich die Satteldecke vom Rücken zu ziehen. Offensichtlich konnte er den Kontext »wir üben Zirkuslektionen« genau unterscheiden von der Situation »es wird gesattelt«. Auch Helgi kann gut unterscheiden, ob wir zum Beispiel gerade Intrinzen-Übungen machen, bei denen er selbst entscheiden kann, ob er mitmachen will, oder ob wir eher traditionell arbeiten und er bei der Sache bleiben soll, auch wenn er im Moment lieber etwas anderes tun würde. Das habe ich erreicht, indem ich den Kontext der jeweiligen Übung möglichst klar und für Helgi gut verständlich definiert habe.

Wenn Pferd und Reiter sich lange genug kennen, kann der Kontext durch ganz kleine Signale aufgebaut werden. Beim Beispiel der Zirkuslektion oben musste ich nicht einmal aktiv etwas tun. Tandri hatte intuitiv verstanden, in welchem Kontext er sich die Decke vom Rücken ziehen sollte, und wann er sie liegen lassen musste.

Im Normalfall ist das natürlich nicht ganz so einfach. Gerade wenn Reiter und Pferd sich gegenseitig noch nicht gut kennen, können kleine Rituale oder andere Signale helfen, den entsprechenden Kontext herzustellen. Mit Helgi habe ich mehrere Ansätze, den Unterschied zwischen unserer traditionellen, »ernsten« Arbeit und anderen, eher spielerischen Situationen klarzustellen. Zum Beispiel habe ich oft im Anschluss an eine Trainingseinheit noch eine spielerische Entspannungsphase eingelegt. Das Absatteln auf dem Reitplatz signalisierte dann den Übergang zu der spielerischen Situation.

Abbildung 92: Freiarbeit ohne Halfter

Bei der Arbeit mit dem freilaufenden Helgi habe ich anfangs streng darauf geachtet, dass er immer ein Halfter trug, wenn ich Gehorsam von ihm verlangen wollte, zum Beispiel beim Laufenlassen auf dem Reitplatz, wenn ich ihn mit der Gerte oder Longierpeitsche treiben wollte. Wenn ich ihm selbst überlassen wollte, ob und wenn ja in welcher Gangart er laufen wollte, habe ich ohne Halfter mit ihm gearbeitet.

So lernte er schnell, zwischen den unterschiedlichen Kontexten zu unterscheiden.

Abbildung 93: Futterlob

Futterlob

Futterlob ist zu Recht ein umstrittenes Thema. Allzu schnell kann das Pferd aufdringlich und frech werden, wenn es lernt, dass es sein Leckerli einfordern darf. Andererseits kann eine solche Belohnung aber sehr motivierend wirken, und bei der Arbeit mit dem freien Pferd ist das Leckerli meist die einfachste Art, das Pferd für eine richtige Reaktion zu belohnen.

Einige Pferde reagieren auch sehr gut auf Stimmlob oder auch auf Streicheln oder Kraulen. Bei diesen Pferden kann es einfacher sein, auf Futterlob zu verzichten. Wer mit Leckerlis als Belohnung arbeiten möchte, sollte einige Punkte beachten, um Schwierigkeiten mit dem Respekt zu vermeiden:

- Es wird nur gefüttert, wenn das Pferd den respektvollen Abstand wahrt. Wenn es zu nah kommt, gibt es erst ein Leckerli, wenn der Abstand wieder hergestellt ist.
- Das Pferd sollte immer klar erkennen können, wofür es die Belohnung gibt. Ohne Leistung kein Leckerli.
- Umgekehrt sollte beim Pferd keine Unsicherheit aufkommen, ob es für eine gute Leistung eine Belohnung gibt oder nicht. Der Schwierigkeitsgrad der Leistung, für die belohnt wird, kann natürlich langsam gesteigert werden. Aber wie auch bei der herkömmlichen Arbeit sollte eine Übung nach Möglichkeit immer mit einem positiven Ergebnis und einer Belohnung abgeschlossen werden.
- Kurz vor der Futterzeit oder in anderen Situationen, in denen das Pferd akut Hunger hat, sollte eine Arbeit mit Futterlob vermieden werden. Es kann auch helfen, mit Futter zu arbeiten, auf das das Pferd nicht zu gierig reagiert, z.B. Heu oder anderes Futter, das es ohnehin regelmäßig bekommt.

Detailliertere Hinweise zum sicheren Umgang mit Futterlob finden sich zum Beispiel in den im Anhang aufgeführten Literaturreferenzen [5] und {5}.

Übungen

Angefangen bei herkömmlichen Bodenarbeitsübungen und Übungen im Sattel auf dem Reitplatz oder auch im Gelände, über Übungen mit dem freilaufenden Pferd bis hin zu Zirkuslektionen und anderen weniger konventionellen Übungen – es gibt eine ganze Reihe Ideen, die das Training mit einem jungen Freizeitpferd abwechslungsreich und für alle Beteiligten interessant gestalten können. Die hier vorgestellte Auswahl von beispielhaften Trainingsvorschlägen versteht sich nicht als professionelle Anleitung zu einer möglichst korrekten Durchführung. Dafür gibt es Literatur von professionellen Trainern. Vielmehr sollen die Übungen als Erfahrungsbericht dienen und anderen Freizeitreitern eine Ideensammlung für das eigene Training an die Hand geben.

Herkömmliche Bodenarbeitsübungen

Wie oben schon erwähnt, war es für mich immer einfacher, Helgi eine Übung vom Boden aus zu erklären, als es gleich im Sattel zu versuchen. Damit konnte ich an seinem Verständnis für die Hilfen arbeiten, ohne uns beide mit der Verlagerung meines Gewichts im Sattel zu überfordern. Außerdem lernten wir so beide, die Körpersprache des jeweils anderen richtig zu lesen und die gegenseitigen Reaktionen gut einzuschätzen.

Abbildung 94: Bodenarbeit

Wenn die Kommunikation am Boden gut funktioniert, kann sie auch im Sattel reibungslos eingesetzt und weiter verfeinert werden.

Auch in späteren Phasen der Ausbildung, nachdem Helgi die Hilfengebung grundsätzlich verstanden hatte, war es gelegentlich sehr hilfreich, eine Übung vom Boden aus zu wiederholen und zu festigen.

Die Übungen aus diesem Abschnitt sind für mich also ein wichtiges Werkzeug, um die Kommunikation zwischen Pferd und Reiter zu etablieren und immer weiter zu verfeinern.

Abbildung 95: Führen vor dem Pferd

Übung 1

Führen vor dem Pferd

Als ich nach dem Proberitt Helgi zum Stall führte, riet mir der Verkäufer, nicht neben Helgi zu laufen, sondern vor ihm. Helgi hatte noch nicht gelernt, korrekt neben dem Reiter geführt zu werden (siehe **Übung 2**). Das fand er zu diesem Zeitpunkt noch verwirrend. Hinter mir zu laufen war dagegen für ihn intuitiv verständlich. Da das für die meisten jungen Pferde einfacher ist, empfiehlt es sich also, zuerst das Führen vor dem Pferd zu üben, was ich dann später unter Johannas Anleitung auch tat.

Dabei sollte ich darauf achten, dass Helgi Abstand hielt und nicht drängelte. Das konnte ich durch eine »Ententanz«-ähnliche Bewegung der angewinkelten Arme erreichen: Wenn Helgi zu nah kam, sollte ich beim Laufen mit den angewinkelten Armen (»Entenflügel«) winken (»flattern«), bis das Helgi langsamer wurde. Sobald der Abstand wieder stimmte, konnte ich die Arme wieder entspannen und Helgi sollte wieder folgen.

Manchmal klappte das nicht auf den ersten Anhieb gut. Dann ließ Johanna mich anhalten und Helgi mit den flatternden Armen durchparieren und bei Bedarf einen Schritt rückwärts treiben.
Diese Übung habe ich auch im weiteren Verlauf der Ausbildung gelegentlich eingesetzt, wenn Helgi den Respekt vor mir erneut einüben musste. Das war zum Beispiel im zehnten Ausbildungsmonat notwendig. Siehe dazu die Trainingseinheit am **Freitag 05.04. Respektprobleme und Vorwärtsreiten**.

Übung 2

Führen auf Höhe der Schulter

Das »ganz normale« Führen neben der Schulter war wie erwähnt bei Helgi anfangs gar nicht so einfach. Er musste erst lernen, dass er weder drängeln noch voreilen oder zurückfallen sollte. Auch dass er seine Aufmerksamkeit bei mir lassen sollte, musste ich ihm erst erklären, wie in Abbildung 96 zu sehen ist.

Abbildung 96: Führen neben der Schulter

Beim Führen sind vor allem zwei Punkte zu beachten: Die Position des Reiters neben oder kurz vor der Schulter des Pferdes einerseits, und die richtige seitliche Distanz zwischen Pferd und Reiter andererseits.

Durch Variieren der Position an der Schulter lässt sich spielerisch herausfinden, wie das Pferd reagiert: Eine Position an oder hinter der Schulter wirkt vorwärtstreibend, eine Position vor der Schulter kann verwahrend wirken. So kann das Durchparieren und Antreten geübt werden, unterstützt durch Stimmkommandos und die Körpersprache des Reiters (siehe Abschnitt **Körpersprache** oben).
Auch der seitliche Abstand zwischen Pferd und Reiter kann mit der eigenen Körpersprache kontrolliert werden. Wenn das Pferd über die Schulter auf den Reiter zu drängelt und eine Korrektur mittels Körpersprache nicht ausreicht, kann die Schulter mit der Hand oder der Gerte angetippt werden. Dies wird unterstützt durch eine leichte Innenstellung, die durch ein kurzes Annehmen des Zügels oder Führstricks erreicht wird.

Gerade an Anfang von Helgis Ausbildung habe ich darauf geachtet, ihn nicht damit zu langweilen oder zu überfordern, zu lange am selben Thema zu arbeiten. Sobald er sich auf einer Seite für einige Schritte korrekt hatte führen lassen, wechselte ich zur Belohnung die Seite oder beendete die Übung.

Abbildung 97: Führen auch von rechts üben

Das Führen auch von der rechten Seite zu üben, hatte neben der dadurch entstehenden

Abwechslung auch den Vorteil, dass es Helgi darauf vorbereitete, dass wir später auch andere Bodenarbeitsübungen von beiden Seiten trainierten.

Nicht zuletzt noch ein wichtiger Aspekt beim Führen des Pferdes, mit dem Helgi und ich immer wieder Schwierigkeiten hatten: Das ruhige Stehenbleiben. Wenn er an der Hand durchpariert wurde, sollte Helgi nicht gleich wieder antreten oder nervös um mich herumtänzeln, sondern stillstehen und auf das nächste Kommando warten. Das konnte ich erreichen, indem ich darauf achtete, seine Aufmerksamkeit auch beim Stillstehen bei mir zu behalten. Dazu konnte es schon ausreichen, dass ich mit aktiver Körpersprache (tief einatmen, Schultern zurück/breit) die eigene Aufmerksamkeit bei Helgi ließ. Wenn er trotzdem unruhig oder unaufmerksam wirkte, ließ mich Johanna einen Schritt auf ihn zu machen, so dass er einen Schritt weichen musste. Sobald er einige Sekunden ruhig gestanden hatte, wurde er durch antreten und fleißiges Geradeausgehen belohnt.

Übung 3

»Longieren« am Führstrick oder am Zügel

Abbildung 98: »Longieren« am Zügel

Eine Übung, die sowohl Helgi als auch mir anfangs deutlich leichter fiel, als das echte Longieren, ist das »Longieren« am Zügel bzw. am Führstrick. Helgi sollte auf einer Volte um mich herum gehen, erst im Schritt und später auch im Trab oder Tölt. Damit konnte er nicht nur sein Gleichgewicht auf der gebogenen Linie trainieren, sondern als Aufwärmübung vor Beginn der konzentrierten Arbeit eine eventuell vorhandene Anfangsnervosität abbauen. Als Nebeneffekt konnte ich bei dieser Übung auch immer wieder an Helgis Gehorsam arbeiten. Wenn er über die Schulter auf mich zu drängelte, machte ich mit einer selbstbewussten Körpersprache einen Schritt auf seine Schulter zu und forderte ihn so zum Weichen auf. Auch das Durchparieren bei dieser Vorstufe des echten Longierens kann zum Training des Gehorsams verwendet werden: Analog zu den aus dem Vorgehen bei Natural Horsemanship bekannten Techniken (siehe Abschnitt **Natural Horsemanship** weiter unten) ließ Johanna mich das Durchparieren einleiten, indem ich durch Fallenlassen meiner Schultern und eine leichte Parade Helgi einlud, einen Schritt auf mich zuzukommen. Sobald er das getan hatte, richtete ich mich wieder auf und stand mit breiten Schultern vor ihm, so dass er senkrecht zur Longierrichtung mit Blick zu mir zum Halt kam. Dadurch war er mit seiner Aufmerksamkeit sofort bei mir und konnte auf mein nächstes Signal fein reagieren.

Bei dieser Übung ist zu beachten, dass dies ein sehr kleiner Radius ist und das junge Pferd erst einmal lernen muss, sein Gleichgewicht auf einer so stark gebogenen Linie zu finden. Die Übung muss also sehr langsam und vorsichtig begonnen werden. Das Pferd sollte sie im Schritt sicher beherrschen, ohne über die Schulter nach innen oder außen zu driften, bevor eine höhere Gangart gefordert wird.

Übung 4

Zügelarbeit vom Boden aus

Wie oben erwähnt ist das Training der Zügelhilfen vom Boden für Pferd und Reiter einfacher als das Training im Sattel, wo das Reitergewicht für beide Beteiligten eine zusätzliche Herausforderung darstellt.

Dazu werden die Zügel ähnlich wie beim Reiten aufgenommen. Beide Hände liegen am Sattel. Die Gerte wird in der »inneren« Hand gehalten. Bei einem Pferd, das empfindlich auf die Gerte reagiert, zeigt diese nach unten wie in Abbildung 99 dargestellt. Wenn das Pferd die Gerte gut akzeptiert, kann sie auch nach oben über dem Pferderücken gehalten werden (siehe z.B. Abbildung 103).

Anfangs wird nur das Antreten, Geradeaus-Gehen und Durchparieren geübt. So kann sich das Pferd an die ungewohnte Position des Reiters gewöhnen. Dabei ist es sinnvoll, eine äußere Begrenzung zu nutzen, um dem Pferd Halt zu geben.
Erst im zweiten Schritt wird geübt, z.B. in einer Volte von der Begrenzung weg zu gehen. Im nächsten Schritt kommen dann einfache Bahnfiguren und freie Richtungswechsel hinzu. Das freie Geradeauslaufen ohne seitliche Begrenzung wird erst geübt, wenn das Pferd auf beiden Händen gelassen vorwärts geht und gut auf die Reiterhilfen reagiert.
Wie auch in **Übung 2** wird ein Durchparieren mit Stimme und

Abbildung 99: Zügelführung, Gerte nach unten

Körpersprache vorbereitet, bevor die Zügelhilfe kommt. Zum Antreten kann bei einem sehr eifrigen Pferd nur mit Stimme und Körpersprache gearbeitet werden. Wenn das nicht ausreicht, kann vorsichtig die Gerte zu Hilfe genommen werden.
Bei dieser Übung ist zu beachten, dass das junge Pferd am Anfang seiner Ausbildung das Zusammenspiel der Zügelhilfen noch nicht versteht. Anfangs darf also außer zum Durchparieren immer nur mit einem Zügel eingewirkt werden.

Übung 5

Flexen mit Führstrick oder Zügel

Abbildung 100: Flexen

Beim Flexen handelt es sich um eine deutliche Abstellung des Pferdehalses in Richtung Körper, ähnlich der Bewegung die das Pferd macht, wenn es sich eine Fliege vom Körper wegbeißen möchte. Dabei soll der Pferdekopf möglichst senkrecht bleiben, um eine gute Dehnung im Hals zu erreichen.
Ich mache diese Übung gerne vor dem Aufsteigen mit Helgi, da sie die Muskulatur dehnt und das Gleichgewicht des Pferdes trainiert. Dazu stelle ich mich auf eine Seite des Pferdes, ungefähr auf Höhe der Sattellage. Durch vorsichtiges Annehmen des Zügels oder Führstricks fordere ich Helgi auf, den Kopf auf die von mir abgewandte Seite zu drehen. Dazu geht meine Hand erst führend nach außen, dann wird sie nach oben zum Sattel geführt (siehe Abbildung 100).
Anfangs wird schon eine Biegung um circa 90 Grad belohnt. Dann wird die Übung über einige Tage (bzw. bei Bedarf auch Wochen) langsam gesteigert, bis das Pferd mit dem Maul fast den eigenen Körper berührt.
Wie auch bei vielen anderen Übungen ist es beim Flexen wichtig, die Zügelhilfe so gering wie möglich zu halten. Die Übung sollte nie in ein »Tauziehen« mit dem Pferd ausarten. Daher achte ich hier besonders stark darauf, den Zügel nicht nur anzunehmen, sondern auch immer wieder kurz nachzugeben.
Wenn Helgi sehr steif ist und die Übung mit der Zügelhilfe nicht gelingen will, trainiere ich sie gerne auch einmal mit dem freien Pferd (siehe **Übung 16**). Danach ist es oft nicht mehr schwierig, das Flexen auch mit dem Zügel durchzuführen.

Abbildung 101: Schenkelweichen vom Boden

Übung 6

Schenkelweichen vom Boden

Diese Übung soll dem Pferd die seitwärtstreibenden Hilfen erklären und es dazu bewegen, mit dem inneren Hinterbein möglichst weit unter den eigenen Schwerpunkt zu treten.
Das Fernziel der Übung ist ein echtes Schenkelweichen vom Boden, also ein Kreuzen der Hinterbeine in einer korrekten leichten Stellung. Im ersten Schritt soll das junge Pferd aber erst einmal lernen, überhaupt einen Schritt mit der Hinterhand seitwärts zu gehen.
Grundsätzlich soll die Übung aufbauend auf **Übung 4** mit Hilfe einer Zügelführung wie im Sattel durchgeführt werden. Der Reiter läuft an der Bande und stellt das Pferd in seine Richtung, so dass es an der Bande entlang seitwärts geht (siehe Abbildung 101). Vorwärts getrieben wird mit Körpersprache (auf die Schulter des Pferdes zugehen), Stimme und bei Bedarf mit der Gerte. Bei einem in der Ausbildung schon fortgeschrittenen Pferd wird der äußere Zügel weich anstehen gelassen, um die Schulter zu begrenzen und eine zu ausgeprägte Biegung zu verhindern.
Diese Übung war schon sehr früh Teil von Helgis Ausbildung. Er war zu diesem Zeitpunkt noch nicht so weit, dass er das Zusammenspiel der Zügelhilfen verstanden hatte. Anfangs habe ich daher am Führstrick oder den analog zum Führstrick gehaltenen Zügeln oder sogar freilaufend (siehe **Übung 18**) mit ihm gearbeitet.
In diesem frühen Stadium tat Helgi sich mit dem Seitwärtsgehen ohne deutliche Biegung sehr schwer. Wenn ich ihm nur eine korrekte, leichte Stellung erlaubte, fing er schnell an, mit der Vorhand zu hüpfen und nach oben auszuweichen, statt seitwärts zu treten. Hier war die (vorübergehende) Abhilfe, eine stärkere Biegung zuzulassen. Sobald er den Hals nach innen biegen durfte, trat Helgi problemlos seitwärts (siehe zum Beispiel die Trainingseinheit vom **Freitag 02.11. Johanna reitet Helgi**).

Übung 7

Vorhandwendung vom Boden

Die Vorhandwendung vom Boden ist anfangs nicht mehr als ein Seitwärts-Schritt mit dem inneren Hinterbein, wobei die Vorhand möglichst wenig mitlaufen soll. Die ersten Versuche können am Halfter oder mit den wie ein Führstrick gehaltenen Zügeln stattfinden. Der Reiter steht mit Blick in Richtung Hinterhand an der Schulter des Pferdes, die innere Hand am Zügel oder Führstrick. Diese Hand wirkt verwahrend und soll verhindern, dass das Pferd nach vorne oder zur Seite ausweicht.

Stimme, Körpersprache und bei Bedarf die andere Reiterhand oder Gerte treiben die Hinterhand des Pferdes seitwärts.
Im zweiten Schritt wird dann wie in **Übung 4** mit dem normal geführten Zügel gearbeitet. Der äußere Zügel begrenzt die Schulter, der innere Zügel sorgt für eine leichte Stellung. Durch Anlegen der Gerte am Pferdebauch oder der Hinterhand wird ein Seitwärtsschritt abgefragt. Erst wenn dies gut klappt und das Pferd nicht über die Schulter auszuweichen versucht, können auch mehrere Schritte hintereinander abgefragt werden.

Abbildung 102: Vorhandwendung am Boden

Übung 8

Abbildung 103: Laufen in Haltung

Abkauen und Laufen in Haltung vom Boden

Wenn das Pferd das Zusammenspiel der inneren und äußeren Zügelhilfen verstanden hat und das Gebiss ohne Angst akzeptiert, kann begonnen werden, das Abkauen zu üben. Ziel ist es, das Pferd anfangs im Stand und später auch im Schritt dem Zügel nachgeben und abkauen zu lassen. Mit Abkauen ist hier gemeint, dass das Pferd im Genick nachgibt und mit dem Kopf kurz vor der Senkrechten einen (anfangs noch sehr kurzen) Moment lang zufrieden kaut und so sein Kiefergelenk lockert.
Erreicht wird dies, indem die Zügel wie in **Übung 4** aufgenommen werden und mit beidseitig weich anstehendem Zügel mit den Fingern sanft gespielt wird, bis das Pferd kaut. Sobald das passiert, wird durch Nachgeben des Zügels belohnt. Anfangs sollte dieses Nachgeben der Hand sehr deutlich ausfallen, damit das Pferd die damit erfolgte Belohnung versteht. Später, wenn das Abkauen gut klappt, wird das Nachgeben auf ein Weichwerden der Hand reduziert. So bleibt die Anlehnung durchgehend erhalten und das Pferd läuft in Haltung.
Um Helgi die Aufgabe zu erklären, riet Johanna mir, ihm ein Leckerli zu geben (siehe Trainingseinheit vom **Freitag 20.07. Abkauen und beidseitiger Zügel**). So kaute Helgi, und sein Kiefer war ohne Einwirkung des Zügels schon locker. Das Nachgeben im Genick mit Hilfe des Zügels war dann ein Leichtes. Helgi verstand schnell was er tun sollte, und es kam erst gar kein Potential für ein Widersetzen gegen den Zügel auf.

Übung 9

Biegung und Schulter-Herein vom Boden

Im ersten Schritt ist das Ziel dieser Übung schon erreicht, sobald das Pferd mit einer leichten Innenstellung weiter geradeaus geht. Wenn dies zuverlässig klappt, ohne dass das Pferd versucht nach innen abzuwenden, kann der äußere Zügel beginnen, die Schulter

Abbildung 104: Biegung am Boden

des Pferdes nach innen zu führen. Dadurch wird erst ein halbes Schulter-Herein (Schulter-Vor) und später ein Laufen in drei Spuren (das Pferd tritt mit dem inneren Hinterhuf in den Abdruck des äußeren Vorderhufs) erreicht.
Immer, wenn eine Stufe dieser Übung auf der gebogenen Linie gut klappt, kann sie auch auf der geraden Linie geübt werden. Das endgültige Ziel der Übung ist erreicht, wenn das Pferd sowohl auf der gebogenen als auch auf der geraden Linie korrekt auf drei Spuren läuft.

Übung 10

Schritte-Verkürzen vom Boden

Das Schritte-Verkürzen ist eine versammelnde Übung und kann erst trainiert werden, wenn das Pferd das Zusammenspiel der treibenden und verwahrenden Hilfen verstanden hat und **Übung 8** (Abkauen und Laufen in Haltung) im Stand und im Schritt gut beherrscht.
Die Zügel werden wie in **Übung 4** aufgenommen und es wird auf der geraden Linie im energischen Schritt begonnen. Wenn das Pferd fleißig vorwärts geht, nimmt der Reiter den Zügel weich an, während er mit Stimme und ggf. mit der Gerte weiter treibt. Das Pferd soll mit der Hinterhand weit untertreten, im Genick nachgeben und die Schulter anheben, ohne dabei allerdings mit der Nase hinter die Senkrechte zu geraten. Falls das passiert, sind die treibenden Hilfen im Vergleich zur Zügelhilfe nicht deutlich genug ausgefallen. Der Reiter muss nachtreiben, bis das Pferd sich korrekt aufrichtet.

Abbildung 105: Schritte-Verkürzen

Als Helgi und ich mit dieser Übung begannen, war Johanna anfangs mit einem ersten Verlangsamen und Verkürzen der Schritte und dem daraus resultierenden leichten Anheben der Schulter zufrieden. Danach sollte ich die Zügel sofort wieder länger werden und Helgi zügig vorwärts gehen lassen.

Erst nachdem Helgi diese Vorstufe der Übung verstanden hatte, sollte ich die Dauer verlängern und ihn für mehrere Schritte verkürzt und mit leicht angehobenem Rücken vorwärts gehen lassen.

Wichtig ist, dass die so aufgebaute Spannung immer eine **positive** Spannung ist, bei der ohne Konflikt Energie aufgebaut wird. Sobald Helgi sich verspannte, also eine negative Spannung aufbaute, ließ Johanna mich das durch Entspannung ausgleichen. Beim nächsten Versuch sollte ich weniger Druck aufbauen, so dass Helgi eine neue Gelegenheit bekam, positive Energie aufzubauen.

Übung 11

Schulterkontrolle vom Boden

Bei der Schulterkontrolle geht es darum, die Schulter des Pferdes unabhängig von der Hinterhand zu bewegen. Diese Übung dient dazu, die Schulter zu lösen und zu aktivieren, ähnlich wie die Vorhandwendung **(Übung 7)** dazu dient, die Hinterhand des Pferdes zu aktivieren.

Am Boden wird dabei anfangs mit einer leichten Stellung in Bewegungsrichtung gearbeitet. Das heißt, das Pferd tritt in leichter Innenstellung mit der Vorhand nach innen.

Wichtig ist dabei, dass das Pferd mit dem Gewicht gleichmäßig über beiden Vorderhufen bleibt und nicht »über die Schulter wegläuft«, um sein Gleichgewicht halten zu können. Die Innenstellung hilft uns dabei. Zusätzlich wird anfangs nur ein einzelner Schritt abgefragt und dann sofort wieder zum Halt pariert: Um das sofortige Durchparieren befolgen zu können, hält das Pferd sein Gleichgewicht und fällt so nicht zu stark auf die äußere Schulter.

Abbildung 106: Zügelhand für Schulterkontrolle

Die Zügelführung und Position des Reiters für die Übung kann variiert werden, um dem Pferd die Aufgabe besser verständlich zu machen. Bei der Reiterposition vor dem Pferd werden die Zügel so in einer Hand gehalten, dass keine Schlaufen entstehen, in denen sich die Reiterhand verfangen kann. Dazu wird ein Zügel wie beim Reiten zwischen Ringfinger und kleinem Finger geführt, der andere Zügel außen am Zeigefinger (siehe Abbildung 106). Die Zügelschnalle wird festgehalten, damit die Zügel nicht herunterhängen.
Das Pferd wird mit der Hand am Zügel in die Bewegungsrichtung geführt, während die andere Hand mit der Gerte an der Schulter die Bewegung der Vorhand einleitet. Wenn der Reiter dabei vor dem Pferd steht, kann er die seitliche Bewegung sozusagen »vormachen« und verhindert gleichzeitig durch seine Position ein Weglaufen nach vorne.
Später kann die Übung auch mit der in **Übung 4** eingeführten Zügelführung wie vom Sattel aus durchgeführt werden. Diese Art der Zügelführung ermöglicht es auch, die Schulter aus Sicht der Stellung einmal nach innen und einmal nach außen zu führen und so die Kontrolle der Schulter und das Gleichgewicht des Pferdes weiter zu verfeinern.

Übung 12

Tempo Zulegen und Durchparieren an der einfachen Longe

Das Longieren des Pferdes dient im ersten Ausbildungsjahr in erster Linie dazu, das Pferd auf einer gebogenen Linie erst einmal ohne Reitergewicht sein Gleichgewicht finden zu lassen. Für das junge Pferd kann es sehr schwer sein, die gebogene Linie selbständig zu halten. Daher sollte beim Longieren anfangs immer mit einer äußeren Begrenzung gearbeitet werden. Am besten geeignet ist hierzu ein Longierzirkel. Wenn kein Zirkel zur Verfügung steht, kann auch in der Reithalle oder auf dem Reitplatz in einer Ecke gearbeitet werden, so dass zumindest nach zwei Seiten eine Begrenzung vorhanden ist.
Der im Vergleich zu **Übung 3** deutlich größere Radius erlaubt ein höheres Tempo in der Übung, so dass hier gleichzeitig das sehr wichtige Vorwärtsgehen bzw. Vorwärtsdenken trainiert werden kann.

Abbildung 107: Fleißig vorwärts gehen an der Longe

Auch das respektvolle Abstandhalten kann an der Longe gut trainiert werden. Das Pferd soll sich durchparieren lassen und sich dem Reiter zuwenden, ohne herein zu kommen.
Diese Übung war bei Helgi im vierten Ausbildungsmonat wichtig, als er die erste »Schüchternheit« überwunden hatte und anfing, seine Grenzen auszutesten (siehe dazu die Reiteinheit **Freitag 12.10. Geländereitstunde mit Startschwierigkeiten**).

Übung 13

Zirkel-Verkleinern und -Vergrößern an der einfachen Longe

Abbildung 108: Zirkel verkleinern durch Annehmen/Nachgeben

Wie **Übung 12** hilft auch das Zirkel-Verkleinern und -Vergrößern an der Longe dem Pferd dabei, sein Gleichgewicht auf der gebogenen Linie zu finden. Das Pferd wird erst im Schritt, später auch im Trab und Galopp auf dem Hufschlag longiert und wird dann durch Annehmen der Longe aufgefordert, nach innen zu kommen und auf dem zweiten oder dritten Hufschlag zu laufen.
Dies ist für das junge Pferd anfangs sehr schwer. Gerade daher muss immer darauf geachtet werden, dass die

Übung harmonisch bleibt. Wenn das Pferd zum Beispiel im Trab anfängt, über die Schulter nach außen wegzulaufen und an der Longe zu ziehen, sollte zum Schritt durchpariert und die Übung im langsameren Tempo wiederholt werden.
Bei Helgi war auch das manchmal schwierig. In diesem Fall habe ich mir damit beholfen, mit der verkürzten Longe auf einem sehr kleinen Zirkel anzufangen (analog zu **Übung 3**) und den Zirkel dann nur wenig zu vergrößern und sofort wieder zu verkleinern. Nachdem Helgi dies verstanden hatte, war die Arbeit an der längeren Longe (und damit auf einem größeren Zirkel) deutlich einfacher.

Übungen mit dem freilaufenden Pferd

Angefangen beim Hufe-Geben bis hin zum Schulterherein oder sogar der Hinterhandwendung können die meisten Bodenarbeitsübungen auch mit dem freilaufenden Pferd trainiert werden. Das hat den Vorteil, dass das Pferd sich auf die geforderten Bewegungen und sein eigenes Gleichgewicht konzentrieren kann, ohne durch Zügelhilfen abgelenkt zu werden.
Da meine eigene Hilfengebung vor allem beim Timing bei weitem nicht perfekt ist, und Helgi gerade zu Anfang seiner Ausbildung noch Gleichgewichtsprobleme hatte, war für mich die Freiarbeit eine gute Alternative. So konnten Helgi und ich stressfrei erste gute Resultate erzielen und diese dann mit Übungen der herkömmlichen Bodenarbeit und später vom Sattel aus festigen und verfeinern.

Abbildung 109: Freies Folgen

Ein Fall, in dem die freie Arbeit zum Beispiel sehr hilfreich war, war dass Helgi anfangs an der Hand nicht traben wollte. In der Trainingseinheit vom **Mittwoch 14.12. Trab an der Hand** probierte ich es daher mit dem freien Folgen **(Übung 15)**. Dies führte schnell zum Erfolg. Auch das Flexen lernte Helgi erst frei **(Übung 16)**, bevor wir das Thema erst am Boden und dann im Sattel mit dem Zügel angingen (**Übung 5** bzw. **Übung 22**).

Mehr noch als bei der traditionellen Arbeit muss sich der Reiter bei der Arbeit mit dem freien Pferd jederzeit seiner eigenen Körpersprache bewusst sein. Dies trainiert einerseits die Kommunikation zwischen Pferd und Reiter, kann aber andererseits schon bei kleinen Fehlern schnell dazu führen, dass Missverständnisse aufkommen und eine Übung zu Frustration bei Pferd und Reiter führt. Wichtig ist auch hier, dass der Reiter das Verhalten des Pferdes genau beobachtet und sofort reagiert, wenn das Pferd eine unerwünschte Reaktion zeigt. Der erste Schritt ist dann, die eigene Körpersprache und Hilfengebung zu überprüfen und gegebenenfalls anzupassen. Wenn das nicht zum Erfolg führt, mag ein anderer Lösungsweg besser zum Ziel führen.

Die hier aufgeführten Übungen sind nur einige Beispiele für die Lektionen, die mit dem freilaufenden Pferd trainiert werden können. Grundsätzlich kann jede Aufgabe, die der Reiter dem Pferd ohne Zügelhilfen erklären kann, frei geübt werden. Der Phantasie des Reiters sind hier keine Grenzen gesetzt, solange die Sicherheit von Pferd und Reiter nicht gefährdet wird.

Übung 14

Hufe geben / Hufe auskratzen mit dem freien Pferd

Helgi hatte anfangs große Schwierigkeiten, beim Hufe-Auskratzen sein Gleichgewicht zu halten (siehe Trainingseinheit vom **Donnerstag 21.06. Hufe auskratzen**). Da es angebunden nur sehr schlecht klappte, übten wir das Hufe-Geben frei im Paddock. Dort fühlte Helgi sich offensichtlich sicherer, und wir machten schnell Fortschritte.

Abbildung 110: Frei Hufe geben

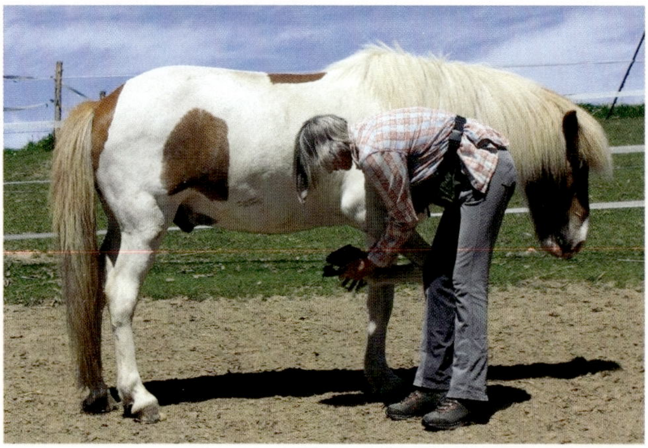

Diese Übung kann überall durchgeführt werden, wo das Pferd mit einigem Abstand zur nächsten Begrenzung frei stehen kann. Anfangs reicht ein kurzes Anheben eines Hufs, nach dem der Fuß sofort wieder abgesetzt wird. Das Pferd wird gelobt und eventuell mit

einem Leckerli belohnt, und dann geht es weiter mit dem nächsten Huf. Nach und nach wird die Zeit verlängert, die der Huf gehalten wird. Wenn das gut klappt, kann der Hufkratzer eingesetzt werden. Auch dabei das Loben nicht vergessen!
Weil Helgi sich ganz offensichtlich unwohl mit der Übung fühlte, habe ich hier viel Wert auf freiwillige Mitarbeit gelegt. Wann immer Helgi sich wehrte oder von mir wegging, gab es eine kurze Verschnaufpause. Dann übten wir etwas anderes, bevor zum Abschluss noch einmal das Hufe-Geben dran war.

Übung 15

Freies Folgen und Rückwärtsweichen

Das freie Folgen kann auf mehrere Arten trainiert werden. Ein Ansatz dafür ist zum Beispiel das Join-Up, das im Abschnitt **Natural Horsemanship** näher beleuchtet wird. Mit Helgi habe ich einen aus dem **Intrinzen**-Ansatz entlehntes Vorgehen gewählt (siehe der entsprechende Abschnitt weiter unten). Dabei lernt das Pferd, ein sogenanntes »Target« mit der Nase zu berühren und erhält dafür eine Belohnung. Ein Target kann ein weicher, länglicher Gegenstand sein, zum Beispiel eine Poolnudel. Auch die Reiterhand kann als Target dienen.
Sobald das Pferd verstanden hat, dass es das Target berühren soll, geht der Reiter damit einen Schritt vorwärts. Das Pferd muss dem Reiter folgen, um das Target zu berühren und die Belohnung zu erhalten.

Abbildung 111: Einem Target folgen

Nach und nach werden erst mehrere Schritte am Stück geübt, und schließlich wird das Pferd auch in einer höheren Gangart folgen. Wenn es das zuverlässig tut, kann die Übung weiter variiert werden. Zum Beispiel kann der Reiter Haken schlagen oder auch abrupt stoppen und in die andere Richtung weiterlaufen, um das Pferd zu motivieren, in engen Wendungen sein Gleichgewicht zu trainieren. Oder es werden Trabstangen ausgelegt oder kleine Hindernisse aufgestellt, über die das Pferd frei folgen soll.
Dabei wird anfangs nicht darauf geachtet, dass das Pferd sich korrekt bewegt. Bei der Freiarbeit geht es mir vor allem darum, dass das Pferd sich selbst ausbalanciert und im Laufe der Zeit selbständig eine gute Haltung einnimmt. Die Arbeit mit engen Wendungen und mit Trabstangen unterstützt das Pferd bei dieser Aufgabe.

Gerade bei dem manchmal etwas aufdringlichen Helgi kam es gelegentlich vor, dass er beim freien Folgen vergaß, die höfliche Distanz zum Reiter einzuhalten. Dann übten wir im Gegenzug zum Folgen auch das Rückwärtsweichen ohne Zügelverbindung. Dazu macht der Reiter sich groß und treibt das Pferd mit seiner Körpersprache von sich weg. Sobald das Pferd zurückweicht, wird durch Beenden der treibenden Hilfe belohnt.
So konnte ich Helgi bei Bedarf in Erinnerung rufen, dass er vor mir weichen muss, wenn ich das verlange.

Abbildung 112: Flexen mit dem freien Pferd

Übung 16

»Flexen« ohne Zügel

Um dem Pferd das Flexen (siehe **Übung 5**) nahezubringen, kann es anfangs sehr hilfreich sein, ohne Zügeleinwirkung zu arbeiten. Wie bei anderen Übungen am Boden wird dabei nicht darauf geachtet, dass das Pferd die Übung hundertprozentig korrekt ausführt: In Abbildung 112 ist Helgis Kopfhaltung sehr schräg und entspricht daher nicht dem Ziel des Flexens, wie es in **Übung 5** beschrieben ist.
Hier geht es eher darum, das Pferd dazu einzuladen, seine Muskeln zu dehnen und selbständig an seiner Beweglichkeit zu arbeiten. Zusätzlich wird durch diese deutliche Verlagerung des Körpers auch das Gleichgewicht des jungen Pferdes trainiert.
Dazu wird wie in **Übung 15** ein Target verwendet (in Abbildung 112 die Reiterhand). Das Target wird an die Seite des Pferdes geführt. Das Pferd soll es berühren, ohne die Beine zu bewegen. Der Reiter kann dafür gegebenenfalls auf der anderen Seite des Pferdes stehen und so ein Ausweichen mit dem Körper verhindern.

Übung 17

Wenden um die Vorhand oder die Hinterhand

Für das Wenden um die Vorhand steht der Reiter auf Höhe der Pferdeschulter mit Blick in Richtung Widerrist. Eine Hand (die gegebenenfalls ein Leckerli halten kann, um die Aufmerksamkeit des Pferdes zu erregen) lockt den Kopf des Pferdes in eine leichte Biegung. Mit der anderen Hand treibt der Reiter die Hinterhand von sich weg, erst durch Zeigen bzw. eine Bewegung auf die Flanke des Pferdes zu. Falls das Pferd nicht reagieren sollte, kommt im zweiten Schritt ein leichtes Antippen an der Flanke hinzu. Anfangs wird jeder seitliche Schritt der Hinterhand belohnt, egal wie tief das Pferd unter den Schwerpunkt tritt. Auch die Vorhand darf sich anfangs noch mitbewegen. Sobald das Pferd ein erstes Grundverständnis für die Übung entwickelt hat, kann der Reiter daran arbeiten, dass die Übung einer echten Vorhandwendung nach und nach näherkommt.
Bei der Wendung um die Hinterhand steht der Reiter vor dem Pferd und versucht, durch einen eigenen Schritt zur Seite das Pferd zum Folgen mit der Vorhand zu animieren. Dazu kann mit einem Leckerli gelockt oder mit einer Hand an der Schulter des Pferdes unterstützt werden. Um zu verhindern, dass die Hinterhand mitläuft, kann die Bande oder eine andere Begrenzung hinter dem Pferd zu Hilfe genommen werden.
Meiner Erfahrung nach kann es schwierig sein, dem freien Pferd die Wendungen ohne Zügelhilfen zu erklären. Bei Helgi habe ich daher abwechseln mit Zügel (siehe **Übung 7** bzw. **Übung 11**) und frei trainiert, so dass Helgi einerseits aufgrund der Zügelhilfen ein Grundverständnis für die Übungen entwickeln konnte und andererseits Gelegenheit hatte, sein Gleichgewicht auf der Wendung ohne Einwirkung von außen selbst finden zu können.

Übung 18

Abbildung 113: Weichen mit zu ausgeprägter Biegung

Seitliches Weichen mit dem freien Pferd

Als erster Schritt in Richtung Schenkelweichen kann parallel zum Training am Zügel oder Führstrick (siehe **Übung 6**) das seitliche Weichen auch mit dem freien Pferd trainiert werden. Dazu sollte das Pferd das freie Folgen **(Übung 15)** beherrschen. Für diese Übung brauchen wir eine Begrenzung (Bande oder Weidezaun), an der der Reiter läuft. Das Pferd soll auf der Innenseite gehen, wobei der Reiter kurz hinter der Pferdeschulter bleibt und den Pferdekopf mit der Hand oder einem Target in seine Richtung lockt. Dadurch wird die Schulter des Pferdes vor den Reiter treten. Der Reiter treibt mit Zeigen auf die Flanke (oder bei Bedarf durch Berührung der Flanke) des Pferdes die Hinterhand einen Schritt von sich weg. Durch Zugehen auf die Schulter treibt er das Pferd gleichzeitig vorwärts. Das Ziel der Übung ist erreicht, wenn das Pferd fleißig vorwärts geht und dabei mit der Hinterhand weit unter den eigenen Schwerpunkt tritt. Wie bei allen Übungen mit dem freien Pferd, können Fehler anfangs ignoriert werden, in Abbildung 113 zum Beispiel Helgis zu ausgeprägte Biegung im Hals. An den Feinheiten wird dann mittels der entsprechenden traditionellen Bodenarbeitsübungen gearbeitet.

Übung 19

Freies Folgen in Biegung/Stellung

Während **Übung 18** als erster Schritt in Richtung Schenkelweichen dient, wird beim freien Folgen in Biegung bzw. Stellung auf das Schulter-Herein (siehe **Übung 9**) hingearbeitet. Hier soll das Pferd gebogen laufen, ohne mit der Hinterhand weit nach außen auszuweichen. Hierzu kann es hilfreich sein, wie in Abbildung 114 dargestellt eine Begrenzung zwischen Pferd und Reiter zu Hilfe zu nehmen. Wenn das Pferd **Übung 15** beherrscht, läuft es auf der anderen Seite der Begrenzung mit. Dabei wird es häufig schon unaufgefordert den Kopf in Richtung Reiter drehen und so automatisch in Biegung oder sogar in einer leichten Stellung laufen. Ansonsten hilft es, das Pferd zu rufen oder ein Target zu Hilfe zu nehmen, um seine Aufmerksamkeit zu erregen.
Falls keine Begrenzung zwischen Pferd und Reiter zur Verfügung steht, kann der Reiter auch direkt neben dem Pferd laufen und es mit Stimme oder Target auffordern, ihn anzusehen. Hier kann es notwendig werden, das Pferd mit einer Hand an der Schulter daran zu erinnern, Abstand zu halten.

Abbildung 114: Freies Folgen in Biegung

Übung 20

Freilaufen im Longierzirkel oder auf dem Reitplatz

Das freie Folgen in **Übung 15** ist nicht unbedingt jedermanns Sache. Alternativ (oder auch zusätzlich) kann das Pferd im Longierzirkel, auf dem Reitplatz oder in der Halle mit einer Gerte, Longierpeitsche oder der eigenen Körpersprache energisch vorwärtsgetrieben werden. Dadurch wird das Pferd dazu animiert, ohne Reitergewicht oder einschränkende Zügel fleißig vorwärts zu denken und vorwärts zu gehen, was ein wichtiger Aspekt der Kontrolle über das Tempo ist (siehe Abschnitt **Grundlagen und Prinzipien der Jungpferdeausbildung** im ersten Teil).

Abbildung 115: Freilaufen mit Trabstangen

Um die Balance und Koordination des jungen Pferdes zu trainieren, kann diese Übung ergänzt werden, indem Trabstangen ausgelegt oder kleine Hindernisse aufgestellt werden, über die das Pferd frei traben oder springen soll.

Übungen im Sattel

Immer wenn das junge Pferd das Grundverständnis für eine Lektion am Boden entwickelt hat (siehe dazu die Bodenarbeitsübungen in den Abschnitten **Herkömmliche Bodenarbeitsübungen** und **Übungen mit dem freilaufenden Pferd**), kann die gleiche Lektion auch im Sattel angegangen werden. Dabei kann anfangs eine Person am Boden unterstützen. Sie erinnert das Pferd an die Übung aus der Bodenarbeit, während der Reiter die gerittenen Hilfen gibt.

Wie auch vom Boden aus, wird mit Hilfe der Übungen im Sattel nach und nach das Verständnis für die treibenden und verwahrenden Hilfen erst einzeln erarbeitet. Das Zusammenspiel der Hilfen folgt in einem zweiten Schritt.

Wie alle hier beschriebenen Übungen verstehen sich vor allem auch die herkömmlichen Übungen im Sattel in diesem Abschnitt als Trainingsvorschläge. Als Freizeitreiterin möchte ich die detaillierte Beschreibung der Übungen und der dazu relevanten Hilfengebung lieber

Abbildung 116: Übungen im Sattel

professionellen Trainern überlassen. Eine derartige, aus meiner Sicht gut verständliche Beschreibung der hier aufgeführten Übungen findet sich zum Beispiel in [3].

An einigen Stellen erwähne ich trotzdem die Hilfengebung, wie Johanna sie mir erklärt hat. Das ist vor allem dann relevant, wenn sie aus bestimmten, vom aktuellen Ausbildungsstand des Pferdes abhängigen Gründen von den grundsätzlich für die Übung korrekten Hilfen abweichen, oder wenn eine bestimmte Hilfe in einem Zusammenhang besonders wichtig ist.

Übung 21

Hilfengebung im Sattel

Die in **Übung 4** (siehe Abschnitt **Herkömmliche Bodenarbeitsübungen**) vom Boden aus eingeübten Reaktionen auf die Zügelhilfen werden vom Sattel aus verfeinert, sobald das Pferd sie am Boden verstanden hat. Wie erwähnt werden die begrenzenden äußeren Schenkel- und Zügelhilfen anfangs weggelassen, und auch das Zusammenspiel von Schenkel- und Zügelhilfen wird erst eingeführt, wenn das junge Pferd die einzelnen Hilfen verstanden hat. Das war für mich nicht ganz einfach, musste ich mir doch das mühsam erlernte Zusammenspiel der Hilfen vorübergehend abgewöhnen. Und dann, als ich mich gerade darauf geschult hatte, die Hilfen nur einzeln zu geben, war Helgi soweit, dass ich die Hilfen wieder kombinieren konnte, und ich hatte damit zu tun, die neuen Gewohnheiten wieder abzulegen.
Auch Helgis starke Reaktion auf mein Gewicht war anfangs ungewohnt. Ein Austreten des Steigbügels führte sofort dazu, dass er seinen Schwerpunkt unter meinen verlagerte. Das

Abbildung 117: Deutliches Nachgeben im Zügel

war zwar einerseits sehr gut, führte mir aber gelegentlich vor Augen, dass ich durchaus nicht immer so gerade sitze, wie ich sollte.

Ein weiterer wichtiger Punkt ist, dass anfangs bei einer richtigen Reaktion des Pferdes sofort mit einem deutlichen Nachgeben des Zügels belohnt werden muss. Auch das ist eine Gewohnheit, die ich mir im späteren Verlauf von Helgis Ausbildung wieder abgewöhnen musste, da dann der Zügel immer weich beim Pferd bleiben musste, um es nicht allein zu lassen und damit zu verwirren.

Ich musste also in Bezug auf die Hilfengebung im Sattel mindestens genauso viel lernen wie Helgi.

Übung 22

Abbildung 118: Flexen im Sattel

Flexen vom Sattel aus

Wie auch am Boden kann das Flexen vom Sattel aus entweder durch den Zügel eingeleitet werden (analog **Übung 5**) oder durch Locken mit einem Leckerli oder einem Target ohne Zügelhilfe erfolgen (analog **Übung 16**). Diese Übung hilft dem Pferd, sich unter dem Reitergewicht auszubalancieren. Zusätzlich dehnt sie am Anfang einer Reiteinheit noch steife Muskeln. Wie auch beim Flexen am Boden gilt hier, dass mit dem Zügel sehr vorsichtig gearbeitet werden muss. So behält das Pferd das Gefühl, die Übung freiwillig und ohne Zwang selbständig ausgeführt zu haben.

Übung 23

Seitengänge und Schenkelweichen im Sattel

Wie in **Übung 6** (Schenkelweichen vom Boden) kommt es auch beim Schenkelweichen im Sattel zunächst nicht auf eine absolut regelkonforme Durchführung der Übung an. Zu Anfang geht es hier darum, dem Pferd die seitwärtstreibende Wirkung des Schenkels verständlich zu machen. Weitere Schwierigkeitsstufen folgen, wenn dieses Grundverständnis vorhanden ist.

Dazu wird anfangs eine Begrenzung nach vorne zu Hilfe genommen, um die notwendigen Zügelhilfen auf ein Mindestmaß zu reduzieren. Der äußere Zügel wird nur einleitend kurz eingesetzt, um das Pferd im flüssigen Schritt in Außenstellung zu bringen. Der jetzt in Bezug auf die Stellung neue innere Schenkel (also der Schenkel auf Seite der Bande) treibt das Pferd vorwärts-seitwärts, bis die Hinterhand einen Schritt von der Bande weg macht.

Unterstützend kann der Reiter eine Gewichtshilfe geben, indem er den äußeren Steigbügel vorsichtig austritt. So wird das Pferd eingeladen, in Richtung der bahninneren Seite unter das Reitergewicht zu treten. Damit ist das erste Ziel der Übung schon erreicht, und das Pferd wird durch Geraderichten und flüssiges Vorwärtsgehen belohnt.

Wenn das Pferd diese erste Stufe der Lektion sicher beherrscht, wird die Übung nach und nach erweitert. Es können jetzt mehrere Schritte am Stück abgefragt werden. Später, wenn das Pferd das Zusammenspiel der Hilfen in **Übung 21** versteht, kommen die Zügelhilfen und der begrenzende äußere Schenkel hinzu. Die anfangs häufig noch zu ausgeprägte Stellung des Pferdes wird durch den begrenzenden äußeren Zügel kontrolliert und nach und nach auf das korrekte Maß reduziert.
Als nächster Schritt kann dann das von der Bande unabhängige Schenkelweichen geübt werden. Dazu kann der Reiter zum Beispiel an einer langen Seite auf dem Reitplatz oder im Gelände das nur leicht gestellte Pferd einige Schritte in Richtung Bahn-Inneres bzw. Weg-Mitte seitwärts gehen lassen.
Eine für mich sehr hilfreiche Variation des echten Schenkelweichens ist es, einfach nur »seitwärts zu

Abbildung 119: Schenkelweichen

denken« und mit Gewichts-, Schenkel- und Zügelhilfen einen Seitwärtsschritt vorzubereiten, ohne ihn tatsächlich abzufragen. Dadurch tritt das Pferd mit dem inneren Hinterbein weit unter, ohne dabei tatsächlich zur Seite zu treten und zu kreuzen.

Übung 24

Vorhandwendung im Sattel

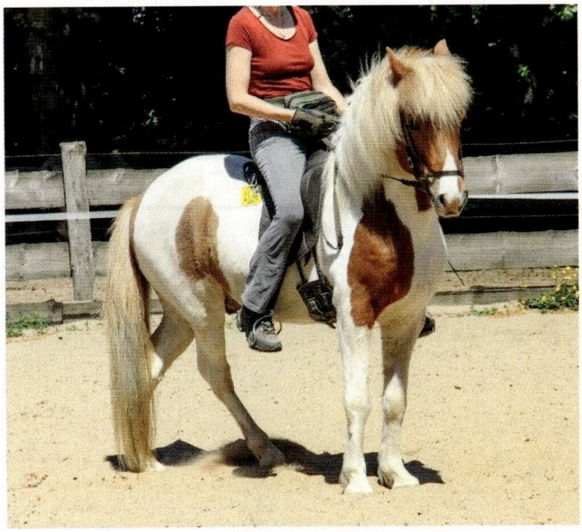

Abbildung 120: Vorhandwendung

Wie die Seitengänge **(Übung 23)** soll auch die Vorhandwendung dem Pferd im ersten Schritt nur die biegende und seitwärtstreibende Wirkung des Schenkels nahebringen. Eine technisch korrekte Durchführung der Übung kommt erst später, wenn das Pferd verstanden hat, dass es mit den Hinterbeinen um die Vorhand herum treten soll.
Im ersten Schritt wird das Pferd also gelobt, sobald es mit der Hinterhand einen Schritt zur Seite macht. Das erfolgt durch Geraderichten und eine kleine Pause.
Anfangs kann es helfen, das Pferd vor der Übung mit dem Kopf zur Bande durchzuparieren und so die Bande als Begrenzung nach vorne zu Hilfe zu nehmen. Das Pferd wird mit einem Zügel so weit gestellt, wie es seinem aktuellen Ausbildungsstand nach notwendig ist.[5] Dann wird mit dem inneren Schenkel getrieben. Eine vorsichtige Gewichtshilfe (Austreten des äußeren Steigbügels) unterstützt dabei, einen Schritt zur Seite abzufragen.
Helgi war bei dieser Übung oft übereifrig und machte schon vor der Schenkelhilfe einen Schritt mit der Hinterhand nach außen, sobald ich ihn mit dem Zügel gestellt hatte. Ohne den begrenzenden äußeren Zügel konnte ich natürlich nicht verhindern, dass er sich so wieder gerade richtete, ohne auf meine Schenkelhilfe zu warten. Damit hatte er zwar die richtige Bewegung ausgeführt, aber das Ziel der Übung (das Pferd soll lernen, vor dem seitwärtstreibenden Schenkel zu weichen) war erst einmal nicht erreicht. Da Helgi aber richtig reagiert hatte, ließ Johanna mich ihn trotzdem belohnen. Beim nächsten Versuch arbeiteten wir dann mit weniger Stellung, damit ich den Schenkel zum Einsatz bringen konnte.
Für manche Pferde ist das Seitwärtstreten im Stand einfacher. Helgi tat sich in Bewegung deutlich leichter, einen Seitwärtsschritt zu machen. Daher ließ Johanna mich die Vorhandwendung mit dem Schenkelweichen **(Übung 23)** abwechseln, damit er sich nicht durch zu häufige Wiederholungen der Vorhandwendung verspannte und überfordert fühlte.

5 Wie in Übung 23 kann auch hier anfangs eine zu starke Stellung helfen, um dem Pferd die Übung zu erklären.

Abbildung 121: Abkauen in Bewegung

Übung 25

Abkauen und Laufen in Haltung

Wenn das Pferd das Abkauen und in Haltung Stehen (und später in Haltung Laufen) vom Boden aus beherrscht (siehe **Übung 8**), kann dies auch im Sattel geübt werden. Wie in der Übung vom Boden aus wird auch im Sattel durch Spielen am Zügel (anfangs noch ohne Einsatz der Schenkel) erreicht, dass das Pferd im Genick nachgibt und kurz in Haltung steht. Während Helgi die Übung lernte, ließ Johanna mich auch hier durch ein extremes Vorgeben der Hand belohnen. Nach und nach wurde die Belohnung auf ein Weichwerden der Zügelhand reduziert, so dass dann eine Arbeit in weicher Anlehnung möglich wurde.
Nachdem Helgi das Abkauen im Stand verstanden hatte, ließ mich Johanna die Übung auch im Schritt durchführen. Dazu musste ich die Schenkel gleichzeitig mit der Zügelhilfe einsetzen, um Helgi trotz der grundsätzlich verwahrenden Zügelhilfe in Bewegung zu halten. Das war also erst möglich, nachdem Helgi das Zusammenspiel von gleichzeitigen Schenkel- und Zügelhilfen bereits verstanden hatte.
Nach und nach wurde die Übung dann auch auf die höheren Gangarten ausgeweitet, bis Helgi am Ende des ersten Ausbildungsjahres in Schritt, Tölt, Trab und teilweise auch im Galopp abkauen und mit weich nachgebendem Genick laufen konnte.

Übung 26

Biegung und Schulter-Herein im Sattel

Wie auch am Boden (siehe **Übung 9**) wird das Schulter-Herein im Sattel vorbereitet, indem anfangs nur eine Biegung im Hals abgefragt wird, mit der das Pferd weiter geradeaus geht. Wenn das Pferd dies beherrscht, ohne dabei aus dem Gleichgewicht zu geraten und vom Hufschlag weg zu gehen, wird es um den inneren Schenkel gebogen. So erreicht der Reiter, dass das Pferd in Stellung geradeaus läuft. Anfangs erfolgt dies noch ohne Hereinholen der Schulter. Erst wenn das Laufen in Stellung sicher abrufbar ist, wird der äußere Zügel hinzugenommen, um die Schulter des Pferdes einen Schritt nach innen zu bewegen.

Bei Helgi hatte ich anfangs Schwierigkeiten damit, dass er die Hilfe nach innen zu eifrig befolgte und mehrere Schritte vom Hufschlag weg machte. Da das eine durchaus gewünschte (wenn auch zu starke) Reaktion ist, ließ mich Johanna dann nicht versuchen, nachträglich noch zu korrigieren. Stattdessen sollte ich eine Volte reiten und beim nächsten Versuch die seitlich führenden Hilfen reduzieren.
Im ersten Schritt kommt es noch nicht darauf an, dass die Stellung korrekt ist und das Pferd exakt mit dem inneren Hinterhuf in die Spur des äußeren Vorderhufs tritt. Anfangs war Johanna auch mit einer weniger deutlichen Stellung und einem Laufen »in zweieinhalb Spuren« (also einem noch nicht ganz stabilen Schulter-Vor) zufrieden. Erst nachdem Helgi sein Gleichgewicht in dieser Vorstufe des Schulter-Herein gefunden hatte, achtete sie darauf, dass er die Übung korrekt ausführte und in drei Spuren lief.
Nachdem dies im Schritt sicher funktionierte, gingen wir die Übung auch im Tölt und Trab an.

Abbildung 122: Schulter-Herein im Tölt

Übung 27

Schritte-Verkürzen im Sattel

Das Schritte-Verkürzen ist eine erste Übung auf dem Weg zur echten Versammlung. Dabei geht es zunächst nur darum, das Pferd dazu zu bewegen, mit der Hinterhand stärker unterzutreten. Es soll im Genick nachgeben und den Rücken locker schwingend anheben (»sich selbst tragen«).

Abbildung 123: Fernziel des Schritte-Verkürzens

Wie auch in **Übung 10** (siehe Abschnitt **Herkömmliche Bodenarbeitsübungen**) wird beim Schritte-Verkürzen im Sattel im zügigen Schritt begonnen, indem der Zügel weich angenommen wird, während die treibenden Hilfen das Pferd an den Zügel heran treiben. Dadurch wird sich das Pferd aufrichten und mit der Hinterhand tief unter den Schwerpunkt treten. Anfangs ließ mich Johanna die Übung sofort auflösen, wenn Helgi mit weichem Genick und leicht angehobener Schulter einen oder zwei Schritte gelaufen war. Als er diesen ersten Teil der Übung verstanden hatte, verlängerte sie die Übung zeitlich, bis Helgi auch längere Strecken in verkürzter Haltung gehen konnte.

Abbildung 123 zeigt wie die Übung im Fernziel aussehen kann[6]: Helgis Hinterbeine treten weit unter den Schwerpunkt und nehmen fast das gesamte Gewicht auf. Das Genick gibt locker nach und der Widerrist hebt sich. Aus dieser Haltung könnte Helgi zum Beispiel in einen gut durchgesprungenen Galopp übergehen, oder auch mit hochweiten Bewegungen antölten.

Im nächsten Schritt wird dann geübt, diese verkürzte Haltung und den schwingenden Rücken in den Tölt »mitzunehmen«, so dass das Pferd auch in der höheren Gangart in guter Selbsthaltung laufen kann, ohne auf die Vorhand zu fallen.

Wichtig ist, dass die in dieser Übung aufgebaute positive[7] Spannung immer wieder mit Entspannung abgewechselt wird. Auf das langsame, sehr konzentrierte Arbeiten im verkürzten Schritt oder Tölt sollte immer eine Phase des zügigen Vorwärts-Reitens folgen. Um dem Pferd nach der starken Aufrichtung des Schritte-Verkürzens wieder den Weg in die Tiefe zu zeigen, kann sie auch gut mit dem Vorwärts-Abwärts-Reiten (siehe **Übung 28**) kombiniert werden.

---

6 Diese extreme Form der Übung ist noch nicht Ziel des ersten Ausbildungsjahres. Dieses Bild entstand zu einem deutlich späteren Zeitpunkt in Helgis Ausbildung.

7 Siehe die Anmerkung zu Übung 10: Das Pferd soll immer **positive** Spannung im Sinne von Energie aufbauen. Es soll sich nie verspannen.

Übung 28

Vorwärts-Abwärts Reiten

Wie erwähnt ist es nach einer Übung mit viel positiver Spannung wie zum Beispiel **Übung 27** (Schritte-Verkürzen) wichtig, dem Pferd auch wieder den Weg in die Entspannung zu zeigen. Eine Möglichkeit dazu ist das Vorwärts-Abwärts-Reiten. Hier soll sich das Pferd in der Bewegung nach vorne/unten dehnen und so die Muskeln strecken und entspannen, die in stärker versammelnden Übungen angespannt und verkürzt werden.

Dazu wird der Zügel so lang gelassen, dass das Pferd den Kopf senken und den Hals dehnen kann. Es soll aber noch genug Kontakt zum Pferdemaul da sein, dass das Pferd am Zügel gehen kann. Das Pferd wird an diesen verlängerten Zügel herangeritten, bis es entspannt und mit langen, ausgreifenden Schritten fleißig vorwärts geht. Johanna hat mich dies gelegentlich mit meinem Sitz unterstützen lassen, indem ich beide Steigbügel gleichmäßig austrat, bei Bedarf bis hin zum leichten Sitz. Das half Helgi dabei, seine Rückenmuskulatur zu entspannen.

Abbildung 124: Vorwärts-Abwärts-Reiten

Anfangs wird die Übung nur im Schritt durchgeführt. Mit fortschreitendem Ausbildungsstand lernte Helgi später aber auch, in Tölt und Trab am langen Zügel vorwärts-abwärts zu gehen.

Johanna legt viel Wert auf ein ausgeglichenes Wechselspiel zwischen verkürzenden Übungen und dem Vorwärts-Abwärts-Reiten. Dadurch soll erreicht werden, dass das Pferd sich geschmeidig aufrichten und auch wieder fallen lassen kann.

Übung 29

Schulterkontrolle vom Sattel aus

Um Helgi nicht zum Rückwärts-Denken zu verleiten, ließ Johanna mich die Schulterkontrolle vom Sattel aus anfangs vor allem in Bewegung trainieren, bevor wir dieselbe Übung dann auch im Stand angingen. Bei dieser Übung fand ich es besonders hilfreich, dass Helgi die von der Hinterhand unabhängige Bewegung der Schulter vom Boden aus **(Übung 11)** schon geübt und verstanden hatte.

Abbildung 125: Schulterkontrolle in Außenstellung

Um Missverständnisse zu vermeiden, ist es hier besonders wichtig, dass das Pferd gut vorbereitet wird und in Balance ist, bevor die eigentliche Übung eingeleitet wird. Johanna ließ Helgi und mich in Außenstellung starten. Sobald Helgi im Genick nachgab und im Gleichgewicht lief, sollte ich seine Schulter durch Führen beider Hände in Stellungsrichtung nach außen einen Schritt in Richtung Bahninneres machen lassen.
Ein leichtes Austreten des äußeren Steigbügels kann dabei helfen. Der Schenkel treibt am Sattelgurt, und die Gerte kann unterstützend an der Schulter angelegt werden.
Als Helgi das gelernt hatte, bauten wir die Übung aus und fragten mehrere Seitwärts-Schritte der Schulter ab.
Sehr wichtig ist hier, dass das Pferd nicht über die Schulter wegläuft und auf die Vorhand gerät. Daher ließ Johanna mich im Zweifelsfall lieber einen Schritt weniger abfragen und Helgi schnell wieder geraderichten. So kam er erst gar nicht aus dem Gleichgewicht und musste nicht über die Schulter weglaufen, um sich wieder zu fangen.

Diese Übung kam in Laufe von Helgis Ausbildung oft zum Einsatz, zum Beispiel in der Trainingseinheit vom **Dienstag 27.11. Schulterkontrolle**. Wenn das Pferd soweit ist, dass der Reiter die Schulter mit minimalen Hilfen lösen und bewegen kann, soll als Fernziel (erst nach dem ersten Ausbildungsjahr) erreicht werden, dass das Lösen der Schulter auch ohne Seitwärtsschritt erfolgen kann. Damit wird in Tölt und Trab der Takt verbessert und ein lockeres Ausgreifen der Vorhand mit hoch-weiten Bewegungen ermöglicht.

Abbildung 126: Schulterkontrolle in Innenstellung

Wie oben erwähnt, arbeitet Johanna bei der Schulterkontrolle vom Sattel aus anfangs in Außenstellung, weil es so häufig leichter ist, dem Pferd die gewünschte Bewegung der Schulter zu erklären. Das Pferd lernt durch diese Übung, die Kontrolle des äußeren Zügels über die Bewegung der Schulter zu verstehen. Wenn es dies einmal gelernt hat, kann der Reiter die Schulter mit dem äußeren Zügel begrenzen, um etwa ein »Weglaufen« über die äußere Schulter zu verhindern. Im nächsten Schritt wird die Schulter bei dem geradegerichteten Pferd bewegt, und später auch in Innenstellung.

Übung 30

Bahnfiguren und Richtungswechsel

Eine sehr gute Übung für die Balance von Pferd und Reiter ist das Reiten von häufigen Richtungswechseln. Das kann in Form von vielen unterschiedlichen Bahnfiguren erfolgen, oder einfach auch durch »kreuz-und-quer« durch die Halle oder über den Reitplatz reiten.
Jeder Richtungswechsel macht es für das Pferd erforderlich, sein Gleichgewicht neu zu organisieren, um die Biegung in die neue Richtung gewährleisten zu können. Dadurch lernt es, mit der Hinterhand weiter unter den Körper zu treten, seine Balance schneller zu finden und sich selbst zu tragen. Johanna legt bei dieser Übung sehr viel Wert darauf, dass der Reiter mit Schenkeln und Zügeln nur weich beim Pferd bleibt und sich mit Korrekturen zurückhält. So hat das Pferd die Möglichkeit, sich selbstständig auszubalancieren.

Abbildung 127: Richtungswechsel

Ein weiterer wichtiger Punkt, den ich erst lernen musste: Ich musste immer rechtzeitig vor dem Abwenden genau wissen, wo und in welche Richtung ich abwenden wollte. Wenn mir das nicht gelang, habe ich Helgi gelegentlich mit den Hilfen überfallen und verwirrt. Wenn es mir aber gelang, blieb Helgi aufmerksam und achtete genau auf meine Hilfen. Diese Übung ist also auch sehr gut als Konzentrationsübung für Pferd und Reiter geeignet.

Wie bei allen Übungen mit dem jungen Pferd gilt natürlich auch hier, dass die Ausgewogenheit zwischen dem Reiten mit vielen Wendungen einerseits und dem Geraderichten und zügigen Vorwärtsreiten andererseits erhalten bleiben muss.

Übung 31

Arbeit auf der gebogenen Linie

Ähnlich wie **Übung 30** unterstützt auch die durchgängige Arbeit auf einer gebogenen Linie das körperliche Gleichgewicht von Pferd und Reiter. Dazu ließ mich Johanna auf dem Zirkel oder in einer großen Volte reiten, anfangs mit einer äußeren Begrenzung wie zum Beispiel im Longierzirkel oder in einer Ecke des Reitplatzes.

Zu Anfang von Helgis Ausbildung war das Ziel erst einmal nur, überhaupt auf der gebogenen Linie zu bleiben, ohne dass er nach innen drängte oder über die Schulter nach außen wegdriftete.

Erst nachdem Helgi das sicher beherrschte, sollte ich ihn mit dem inneren Schenkel an den äußeren Zügel heranreiten. Dabei half es mir oft, Helgi an der offenen Seite auf dem Zirkel erst einen, später auch mehrere Schritte mit der Hinterhand seitwärts gehen zu lassen. Das ging aber natürlich erst, als Helgi die **Übung 23** (Schenkelweichen) schon kennengelernt hatte. Auch das Schulter-Herein **(Übung 26)** hat mich Johanna auf der gebogenen Linie trainieren lassen, nachdem Helgi das auf der geraden Linie beherrschte.

Abbildung 128: Gebogene Linie im Zirkel

Später kann diese Übung auch mit der Schulterkontrolle **(Übung 29)** kombiniert werden, so dass das Pferd auf der gebogenen Linie einen oder mehrere Schritte mit der Schulter nach außen macht. Diese Übung hat Johanna zum Beispiel in der Reiteinheit am **Dienstag 27.11. Schulterkontrolle** eingesetzt, um Helgi zu lösen und den Takt im Tölt zu verbessern.

Alle obigen Aspekte der Übung können mit fortschreitendem Ausbildungsstand im Schritt, Trab und Tölt durchgeführt werden. Wenn das Pferd sich unter dem Reiter gut ausbalancieren kann, kommt auch der Galopp dazu.

Abbildung 129: Spannung über Tempo abbauen

Übung 32

Tempo verstärken und flüssig vorwärts reiten

Tempounterschiede sind ein wichtiger Bestandteil der **Kontrolle über Richtung und Tempo** (siehe auch die entsprechende Grundlage im Abschnitt **Grundlagen und Prinzipien der Jungpferdeausbildung**). Das Pferd soll nicht nur die verwahrenden Hilfen jederzeit annehmen, sondern auch bereitwillig auf die treibenden Hilfen reagieren und sich flüssig vorwärts reiten lassen.

Anfangs geht es bei dieser Übung hauptsächlich darum, im Tölt, Trab oder Galopp im langsamen Tempo Energie aufzubauen und im höheren Tempo wieder »herauszulassen«.

Das Tempo-Verstärken kann in der Halle oder auf dem Reitplatz trainiert werden, indem an den kurzen Seiten im langsamen Tempo durch Schritte-Verkürzen (siehe **Übung 27**) oder Seitengänge auf der gebogenen Linie **(Übung 31)** die Hinterhand aktiviert wird. Zu Beginn der langen Seite wird das Pferd geradegerichtet und im fleißigen Tempo vorwärts geritten. Zu Anfang von Helgis Ausbildung sollte ich mit der Hand noch deutlich nachgeben, damit Helgi verstand, dass er im Tempo zulegen durfte.

Als Helgi im weiteren Verlauf der Ausbildung das Zusammenspiel der treibenden und verwahrenden Hilfen gut verstand, ließ mich Johanna die im langsamen Tempo aufgebaute

Energie auch in das höhere Tempo mitnehmen (siehe zum Beispiel die Reiteinheit vom **Freitag 21.06. Im höheren Tempo an den Zügel heran reiten**). Dazu durfte ich beim Zulegen nicht mehr weit mit der Hand vorgehen, sondern sollte weich bei Helgi bleiben und ihn daran erinnern, am Zügel zu gehen und sich selbst zu tragen. Dadurch schwingen Schulter und Rücken locker mit, und die Bewegungen werden ausgreifender.

Übung 33

Stangenarbeit

Als Training für die Körperkontrolle unter dem Reiter und als willkommene Abwechslung im täglichen Training eignet sich die Arbeit mit Trabstangen oder kleinen Hindernissen. Dazu sollte das Pferd diese Arbeit ohne Reiter am Boden schon kennen und beherrschen, ohne ins Stolpern zu geraten (siehe **Übung 15** bzw. **Übung 20** im Kapitel **Übungen mit dem freilaufenden Pferd**). Wenn das der Fall ist, kann unter dem Sattel erst das Traben über eine oder mehrere Stangen und später auch das Springen über kleine Hindernisse geübt werden. Die Stangenarbeit wird von vielen Pferden als motivierende Herausforderung empfunden. Helgi ist da keine Ausnahme, so dass wir die Übung in einer schwierigen Phase nutzten, um ihm die Arbeit unter dem Sattel wieder schmackhaft zu machen (siehe Reiteinheit vom **Freitag 03.05. Stangenarbeit zur Abwechslung**).

Abbildung 130: Stangenarbeit im Sattel

Abbildung 131: Reiten im Gelände

Übungen im Gelände

Das Training im Gelände ist für Pferd und Reiter eine schöne Abwechslung zur Arbeit auf dem Reitplatz, der Ovalbahn oder in der Halle. Daher legt Johanna sehr viel Wert darauf, dass das junge Pferd ausreichend Möglichkeit bekommt, im Gelände zu trainieren. Auch ergeben sich dort Trainingsmöglichkeiten, die ein Reitplatz oder eine Halle nicht bieten können.

Lange, ebene Wege ohne eine allzu starke Steigung bieten sich zum Beispiel an, um die Kontrolle über das Tempo (siehe die entsprechende Grundlage im Abschnitt **Grundlagen und Prinzipien der Jungpferdeausbildung**) zu trainieren. Im Gelände kann in allen Gangarten geübt werden, das Tempo zu verstärken und wieder zurückzunehmen (siehe **Übung 37**). Hier steht viel Platz zur Verfügung so dass der Bewegungsfluss nicht gestört wird.

Der erste Ausritt mit dem jungen Pferd kann natürlich aufregend sein und sollte auch nur in Begleitung eines anderen, nach Möglichkeit erfahreneren Pferdes unter einem erfahrenen Reiter geschehen. Wenn sich zum Beispiel die Möglichkeit ergibt, einmal mit dem Trainer zusammen auszureiten, kann das dem durchschnittlichen, in der Jungpferdeausbildung im Allgemeinen nicht so erfahrenen Freizeitreiter ein Gefühl der Sicherheit geben. Das wird dann auch dem Jungpferd helfen, sich im unbekannten Gelände sicherer zu fühlen.

Im Folgenden habe ich einige kleine Übungen aufgelistet, die Pferd und Reiter im Gelände angehen können. Viele dieser Übungen können in jedem Ausreitgelände durchgeführt werden, andere setzen bestimmte Geländeeigenschaften (z.B. Wald, Bachläufe etc.) voraus, die nicht überall vorhanden sind. Die Übungen verstehen sich nicht als vollständige Liste – wie schon in vorhergehenden Kapiteln erwähnt gilt es, die Phantasie walten zu lassen und gegebenenfalls eigene Ideen auszuprobieren. Auch hier gilt: Alles ist erlaubt, was Pferd und Reiter nicht in Gefahr bringt.

Viele dieser Übungen erscheinen auf den ersten Blick trivial und sind es vielleicht auch. Wichtig ist hier wie oben erwähnt vor allem die Abwechslung vom täglichen Training, die sie mit sich bringen. Schließlich sollten wir als Freizeitreiter nie aus dem Blick verlieren, warum wir ein Pferd gekauft haben: Um gemeinsam mit dem Tier Spaß zu haben.

Übung 34

Dressurmäßige Übungen im Gelände

Gebogene Linien, Schenkelweichen, Schulter-Herein, Volten, Vorhandwendung etc. – alle diese Lektionen können und sollten im Gelände genauso geübt werden wie auf dem Reitplatz oder in der Halle. Theoretisch sollen Pferd und Reiter dabei natürlich genauso konzentriert arbeiten, wie sie das »zu Hause« auch tun würden. In der Praxis hatte ich dabei Schwierigkeiten – bei schönem Wetter im Wald kann es ja schon einmal vorkommen, dass die Gedanken abschweifen. Das ist gelegentlich auch durchaus kein Problem, darf aber nicht zur Regel werden, wenn das junge Pferd verstehen soll, dass es sich im Gelände genauso auf den Reiter konzentrieren muss, wie auf dem Reitplatz zu Hause. Auf einer gebogenen Linie soll das Pferd auf dem Waldweg oder der Wiese genauso sauber von einer Stellung in die andere wechseln wie in der Halle, beim Schenkelweichen soll es genauso weit untertreten oder auch mit den Hinterbeinen kreuzen wie es seinem aktuellen Ausbildungsstand entspricht usw.

Abbildung 132: Gebogene Linie im Gelände

Durch die vielen äußeren Eindrücke, die im Gelände auf Pferd und Reiter hereinprasseln, war das nicht nur für mich, sondern auch für Helgi eine Herausforderung. Das kann und sollte als willkommene Konzentrationsübung genutzt werden.

Abbildung 133: Durchparieren

Übung 35

Auf den Punkt durchparieren

Ein Aspekt der Kontrolle über Richtung und Tempo kann im Gelände eine deutlich größere Herausforderung sein, als in der Halle oder auf dem Reitplatz: Das Zurücknehmen in eine niedrigere Gangart oder Durchparieren zum Halt. Das sollte daher umso intensiver trainiert werden. Der Reiter nimmt sich dafür vor, an einem markanten Punkt (der nächste Baum, ein Zaunpfahl, ein Holzstapel) durchzuparieren und tut dies dann auch konsequent. Wenn das Pferd sich gehorsam durchparieren lässt, wird es (wie auch beim Training auf dem Reitplatz oder in der Reithalle) sofort durch Nachgeben der Reiterhand belohnt. Falls das Durchparieren nicht auf Anhieb klappt, wird das Pferd gestellt und gegebenenfalls in eine Volte geführt, bis es zum Halt kommt.
Wie bei allen Übungen mit dem jungen Pferd gilt auch hier: Wenn die Übung partout nicht gelingen will, wird die Schwierigkeitsstufe reduziert, damit es nicht zum Konflikt zwischen Pferd und Reiter kommt. Wenn das Durchparieren aus Trab oder Tölt in den Schritt nicht klappen will, werden Schritt-/Halt-Übergänge geübt, bis diese reibungslos gelingen, bevor das Parieren aus einer höheren Gangart wieder angegangen wird. Wenn auch das vom Sattel aus nicht gelingen will, sitzt der Reiter ab und trainiert das Durchparieren vom Boden aus. Wichtig ist, dass die Übung mit dem einfacheren Schwierigkeitsgrad konsequent zu Ende gebracht wird, so dass Pferd und Reiter mit einem gemeinsamen Erfolg aus der Übung hervorgehen.

Abbildung 134: Aneinander vorbei reiten

Übung 36

Aneinander vorbeireiten

Wenn das Durchparieren allein oder vor/neben einem anderen Pferd, das ebenfalls durchpariert wird **(Übung 35)**, zuverlässig gelingt, kann bei einem Ausritt zu zweit oder in einer kleinen Gruppe die Schwierigkeit gesteigert werden: Alle Reiter der Gruppe parieren ihre Pferde zum Halt durch. Der letzte der Gruppe reitet an allen Pferden vorbei, die dabei ruhig stehen bleiben sollen. Einige Meter vor der Gruppe wird das Pferd zum Halt pariert und das nächste Pferd-Reiter-Paar überholt die Gruppe.
Wenn alle Pferde sich gut durchparieren lassen und auch gehorsam stehen bleiben, wenn sie überholt werden, kann der Schwierigkeitsgrad weiter gesteigert werden, erst mit Trab- oder Tölt-Halt-Übergängen und dann mit Trab- oder Tölt-Schritt-Übergängen. Auch die Distanz, in der das überholende Pferd vor der Gruppe durchpariert wird, kann vorsichtig gesteigert werden. Dabei ist es wichtig, dass die Übung nicht zu lange am Stück durchgeführt wird. Mehrere kurze Übungseinheiten sind sinnvoller als eine lange Einheit. So werden die Pferde nicht nervös, und es ergibt sich kein unnötiger Konflikt.
Durch diese Übung lernen die Pferde, dass sie nicht an der Gruppe kleben müssen, da sie diese immer wieder einholen können, auch wenn sie kurz warten müssen. Umso wichtiger ist es hier, dass die Übung mit einem Erfolg beendet wird. Das junge Pferd soll anfangs nur kurz ruhig stehen bleiben und mindestens ein anderes Pferd vorbei gehen lassen, bevor wieder entspannt vorwärts geritten wird. Dann wird die Übung beim nächsten Mal für Pferd und Reiter meist schon deutlich einfacher sein.

Übung 37

Tempo verstärken und fleißig vorwärts reiten

Genauso wichtig wie die prompte Reaktion des Pferdes auf Paraden, die wir in **Übung 35** trainiert haben, ist es, dass das Pferd auch die treibenden Hilfen bereitwillig akzeptiert und fleißig vorwärts geht. Auch das Tempo-Verstärken gehört also zur Kontrolle über das Tempo. Da viele Pferde im Gelände fleißiger vorwärts gehen, und da es hier eher möglich ist, im flotten Tempo zu reiten, ohne dass gleich die nächste Kurve kommt, sollte gerade dieses Thema im Gelände verstärkt trainiert werden.

Diese Übung kann anfangs in Begleitung eines anderen Pferdes einfacher sein, wenn das Begleitpferd sicher an den Hilfen steht und sich gut zurücknehmen und durchparieren lässt. Das andere Pferd kann dem jungen Pferd Sicherheit geben. So lässt sich das einmal aufgebaute Tempo ohne Probleme wieder zurücknehmen. Andererseits wird der Vorwärtsdrang durch das andere Pferd angeregt, so dass auch das Tempo-Verstärken durch den nebendran laufenden Kameraden erleichtert werden kann.

Abbildung 135: Fleißig vorwärts reiten

Übung 38

Von einem Wegrand zum anderen »schwanken«

Eine schöne Übung, mit der der Reiter die Feinheit der Hilfen trainieren kann ist es, mit möglichst wenig Unterstützung durch den Zügel mittels der Gewichtshilfen von einer Seite des Wegs zur anderen und zurück zu wechseln. Dafür wird der Steigbügel auf der Seite ausgetreten, zu der das Pferd gehen soll.

Abbildung 136: Zum Wegesrand »schwanken«

Der gegenüberliegende Schenkel kann hinzugenommen werden, sobald das Pferd ihn schon als seitwärtstreibende Hilfe kennengelernt hat.

Diese Übung hat mir sehr geholfen, meine Gewichtshilfen für Helgi richtig einzuschätzen und gut dosiert einzusetzen. Helgi reagiert sehr gut auf Gewichtshilfen, so dass es für ihn wichtig war, als Ausgleich auch regelmäßig das Geradeausreiten zu trainieren **(Übung 39)**.

Übung 39

Mittig auf dem Weg geradeaus reiten

Bei dieser Übung geht es darum, geradeaus zu reiten, ohne an einer optischen Begrenzung (Wegesrand) an einer Seite zu »kleben«. Was auf den ersten Anhieb trivial klingt, kann sich bei einem jungen Pferd durchaus als schwierige Aufgabe herausstellen. Viele Pferde behelfen sich gerne mit einer Begrenzung auf einer Seite des Weges und driften schnell wieder in Richtung dieser Seite, wenn sie mittig geritten werden. Wie in **Übung 38** sollen auch hier die Gewichts- und Schenkelhilfen mehr zum Einsatz kommen als die Zügelhilfen. Wie auch das Schwanken von Wegesrand zu Wegesrand hat mir das Geradeausreiten geholfen, meine Hilfen richtig dosiert einzusetzen. während Helgi lernte, sich an meinen Hilfen zu orientieren, statt sich eine externe Begrenzung zu suchen, an der er entlanglaufen konnte.

Übung 40

Slalom um Bäume oder andere Hindernisse

Seien es Bäume in einem Waldstück, in dem das Reiten abseits der Wege erlaubt ist, seien es einzelne Pflanzen auf einer bereitbaren Lichtung, oder auch selbst mitgebrachte kleine Fähnchen oder andere Markierungen: Auf unebenem Untergrund im Gelände stellt das Slalom-Reiten um Hindernisse höhere Anforderungen an die Koordination von Pferd und Reiter, als auf dem Reitplatz oder in der Reithalle. Hier kann das präzise Abwenden und das Reiten auf engen Wendungen geübt werden, während das Pferd sich gleichzeitig mit dem unebenen Untergrund auseinandersetzen muss. Damit wird also nicht nur die Kontrolle über die Richtung trainiert, sondern auch das körperliche Gleichgewicht von Pferd und Reiter.
Zusätzlich hatte ich bei Helgi das Gefühl, dass er sich deutlich motivierter im Gelände um Bäume herum reiten ließ, als auf dem Reitplatz um künstliche Hindernisse. Oder vielleicht war das auch meine eigene Motivation, die sich auf Helgi übertrug. Ich selbst finde es definitiv interessanter, Übungen auf unebenen Untergrund mit echten Hindernissen zu machen, als in dem einfacheren, aber weniger interessanten Kontext auf dem Reitplatz.

Übung 41

Über Wurzeln oder querliegende Äste reiten

Eine schöne Alternative zur Stangenarbeit auf dem Reitplatz oder in der Halle: Wenn im Wald Äste quer liegen oder es in der Umgebung einen stark von Wurzeln durchzogenen Weg gibt, kann dies zum Training der Geschicklichkeit von Pferd und Reiter genutzt werden. Erst im

Schritt und, wenn es die Gegebenheiten zulassen, später auch im Trab oder Galopp über eine solche Strecke zu reiten macht Spaß und trainiert »ganz nebenbei« auch die feine Koordination des Pferd-Reiter-Paares. Dabei ist es natürlich wichtig, dass sich Pferd und Reiter nicht in Gefahr bringen. Wenn das Pferd zum Stolpern neigt, sollte das Gehen auf einer sehr unebenen Strecke anfangs geübt werden, indem der Reiter das Pferd führt. Und natürlich wird die Strecke erst dann in einer höheren Gangart angegangen, wenn Pferd und Reiter sie im Schritt sicher navigieren können.

Abbildung 137: Reiten über Wurzeln

Übung 42

Steile Steigungen hinauf und hinab führen oder reiten

Sehr gut für Hinterhand-Muskulatur, Koordination und Balance des Pferdes sind starke Steigungen. Falls sich in der Umgebung eine Möglichkeit ergibt, einen steilen Hügel hinauf und hinunter zu reiten, ist dies eine schöne Übung für Pferd und Reiter. Wie in **Übung 41** gilt auch hier: Falls das Pferd zum Stolpern neigt oder unter dem Reitergewicht noch nicht gut ausbalanciert ist, sollte die Bewältigung der Steigung (vor allem bergab) erst an der Hand geübt werden. Wenn das junge Pferd dies ohne Schwierigkeiten beherrscht, kann das Reitergewicht dazu kommen.

Übung 43

Durch Pfützen/Bäche reiten

Als Übung für die Unerschrockenheit des Pferdes bieten sich Pfützen und kleine Bachläufe an. Durch Wasser zu laufen ist für viele Pferde eine Herausforderung, an der Pferd und Reiter gemeinsam arbeiten können. Wie bei allen Übungen mit dem jungen Pferd gilt auch hier, dass auch kleine Fortschritte bewusst wahrgenommen und belohnt werden sollten. Wenn ein Pferd, das sich anfangs geweigert hat, einer Pfütze überhaupt nahe zu kommen, das

Abbildung 138: Reiten durch Pfützen

erste Mal mit einem Huf ins Wasser tritt, ist das ein großer Erfolg und sollte sofort belohnt werden. Dieses positive Erlebnis wird dem Pferd in Erinnerung bleiben, und beim nächsten Versuch wird ihm die Pfütze vielleicht schon gar nicht mehr so gefährlich erscheinen.
Helgi tat sich anfangs sehr schwer, durch trübe Pfützen wie die in Abbildung 138 zu gehen. Wenn er den Grund nicht sehen konnte, traute er sich nicht, ins Wasser zu treten. Daher habe ich lieber an einem kleinen Bachlauf mit klarem Wasser geübt. Auch dort tat er sich schwer, war aber leichter zu überzeugen, sich hinein zu wagen.

Übung 44

Kühe und andere Ungeheuer

Andere Tiere, Traktoren oder Fahrräder – im Gelände lauern jede Menge für das Jungpferd noch völlig unbekannte Wesen, die ihm scheinbar alle an den Kragen wollen. Das muss für Pferd und Reiter nicht zum Problem werden, solange der Reiter besonnen bleibt und richtig reagiert.
Im Zweifelsfall hilft es, abzusteigen und die Gefahr mit dem Pferd gemeinsam zu begutachten. Ein entspannter Reiter neben dem Pferd, der das scheinbare Ungeheuer offensichtlich nicht gefährlich findet, hilft dem Pferd die Situation richtig einzuschätzen und baut Vertrauen auf.
Wenn sich das Pferd so gar nicht bewegen lassen will, an der Kuh auf der anderen Seite des Zauns vorbei zu gehen, ist es auch kein Beinbruch, wieder umzudrehen und einen anderen Heimweg zu suchen. Auch wenn Pferd und Reiter nur in sicherer Entfernung eine Minute lang zusammen

Abbildung 139: Gefährliche Ungeheuer

ruhig gestanden und die Gefahr von weitem begutachtet haben, ist das ein Erfolg, der dem Pferd für die nächste »gefährliche« Begegnung im Gedächtnis bleiben wird. Wenn sich die Möglichkeit ergibt, sollte der nächste Ausritt in Richtung so einer Gefahrenstelle in Begleitung eines erfahreneren, gelassenen Pferdes erfolgen. So kann sich das junge Pferd an dem vierbeinigen Begleiter orientieren und lernt, dass das vermeintliche Ungeheuer doch gar nicht so gefährlich ist.

Abbildung 140: Die Seele baumeln lassen

Übung 45

Einfach mal die Seele baumeln lassen

Als Belohnung und zur Erholung nach einer sehr konzentrierten Reiteinheit, bei der das Pferd gut mitgearbeitet hat, kann ein Ausritt am nächsten Tag auch dafür genutzt werden, dass Pferd und Reiter sich gemeinsam entspannen und zur Abwechslung mal gar nichts anspruchsvolles üben.
Wie weiter oben schon erwähnt – als Freizeitreiter wollen wir in erster Linie mit unseren Pferden Spaß haben, da muss es bei allem Ehrgeiz auch mal sein, dass man gemütlich durch den Wald reitet und die Seele baumeln lässt. Natürlich muss der Reiter bei einem jungen Pferd immer damit rechnen, dass es einen Satz macht – ein allzu verträumter Ausritt sollte es also nicht werden. Aber das soll uns nicht davon abhalten, entspannt durch das Gelände zu reiten und mit dem Pferd gemeinsam die Gegend zu erkunden.

Abbildung 141: Spielerisches Kennenlernen

Zirkuslektionen

Dem eigenen Pferd Zirkustricks beizubringen kann je nach Charakter des Pferdes beiden Partnern sehr viel Spaß machen. Ganz nebenbei hilft es, die Kommunikation zwischen Pferd und Reiter zu vertiefen und verfeinern. Wie sage ich meinem Pferd, dass es zum Beispiel auf Kommando mit dem Kopf schütteln oder sich eine Decke vom Rücken ziehen soll? Wie kann ich beurteilen, ob mein Pferd mit Freude bei der Sache ist oder die Aufgabe nur wegen des angebotenen Leckerlis ausführt?

Fast jedes Pferd kann zumindest einige Zirkuslektionen erlernen – allerdings machen diese Lektionen bei weitem nicht jedem Pferd Spaß. Und auch ein Pferd, dem einige Lektionen sehr viel Spaß bereiten, wird unter Umständen nicht jede Übung gleich gerne ausführen. Gerade deshalb kann die Arbeit mit Zirkuslektionen eine willkommene Chance sein, das junge Pferd besser kennenzulernen. Bei Helgi hat mir dieses spielerische Kennenlernen sehr dabei geholfen, ein Gefühl dafür zu entwickeln, wann er sich mit einer Aufgabe wohl fühlt und wann nicht.

Auch Helgi hat mich im Laufe dieser Arbeit besser kennengelernt. Er lernte, meine Körpersprache genau zu beobachten und darauf zu reagieren. Ich habe viel Wert daraufgelegt, dass Helgi und ich immer beide mit Spaß bei der Sache waren. Dadurch hat Helgi gelernt, auch aus seiner Sicht »seltsame« Aufgaben auszuführen, ohne dabei in Stress zu geraten.

Die unterschiedlichsten Aufgaben sind als spielerische Zirkuslektionen denkbar. Die folgenden Übungsideen geben einen Überblick über einige Möglichkeiten, mit Zirkuslektionen zu arbeiten. Weiterführende Lektüre und viele weitere Übungen finden sich zum Beispiel in [4] und [5].

Übung 46

Kopf schütteln

Diese Übung habe ich Helgi nicht beigebracht, weil er von Natur aus eher unruhig veranlagt ist und ich ihn darin nicht bestärken wollte. Bei mehreren seiner Vorgänger war dies aber eine sehr beliebte Übung, die auch leicht zu vermitteln bzw. zu erlernen ist.
Das Pferd wird durch Kitzeln am Ohr veranlasst, den Kopf zu schütteln, und bekommt sofort eine Belohnung, wenn es das tut. Die meisten Pferde verstehen schnell, dass sie den Kopf schütteln sollen, wenn die Reiterhand Richtung Ohr geht. Diese Geste kann nach und nach reduziert werden, bis eine kleine Handbewegung reicht, das Pferd zum Kopfschütteln zu bewegen. Einmal erlernt, kann die Übung durch ein Stimmkommando begleitet werden. Im Laufe der Zeit assoziiert das Pferd das Stimmkommando mit der Übung und führt sie auch aus, wenn es nur mit der Stimme dazu aufgefordert wird.
Die meisten Pferde neigen nach dem Erlernen der Übung eine Zeit lang dazu, auch ohne Kommando mit dem Kopf zu schütteln, in der Hoffnung, eine Belohnung zu erhaschen. Wenn der Reiter das ignoriert, hört diese unerwünschte »Hampelei« im Normalfall aber schnell wieder auf.

Übung 47

Apportieren

Sehr praktisch, wenn das Pferd in einer Box steht und sein Futtereimer leer ist: Auf Kommando greift das Pferd den Eimer mit den Zähnen und gibt ihn dem Reiter in die wartende Hand. Manche Pferde lernen sogar, den Eimer (oder wahlweise einen anderen Gegenstand) einige Schritte zum Reiter zu tragen und ihn dann abzugeben.
Dazu wird anfangs jedes »Anbeißen« des zu apportierenden Gegenstandes belohnt, bis das Pferd versteht, dass es den Gegenstand anheben soll.
Nach und nach wird dann der Schwierigkeitsgrad erhöht: Erst wird das Anheben belohnt, dann nur noch, wenn der Eimer in der Reiterhand landet, dann wird versucht, das Pferd zu überreden, mit dem Eimer erst einen und dann mehrere Schritte in Richtung des Reiters zu laufen.
Aber Vorsicht: Pferde, die ohnehin

Abbildung 142: Eimer apportieren

dazu neigen, Dinge ins Maul zu nehmen, können sich durch diese Übung ermutigt fühlen, diese Unart noch weiter zu treiben. Das kann mit viel Geduld unterbunden werden, ist aber gegebenenfalls ein Grund, das Apportieren nicht zu trainieren.

Übung 48

Spanischer Schritt

Achtung, bei einem begeisterungsfähigen Pferd kann der spanische Schritt gelegentlich gefährlich werden, wenn das Pferd ihn ohne Aufforderung anbietet und dabei eventuell nicht darauf achtet, wer gerade vor ihm steht.
Eingeübt wird dieser Tritt nach vorne, indem mit der Gerte oder dem Schuh an das Fesselgelenk eines Vorderbeins getippt wird, bis das Pferd den Huf hebt. Diese Bewegung wird belohnt. Dann kommt das andere Bein dran, damit das Pferd die Übung beidseitig lernt. Nach und nach werden die Anforderungen gesteigert, bis das Pferd nach vorne ausschlägt. Dabei wird die auslösende Hilfe immer weiter nach oben verlagert, bis das Pferd auch auf ein Antippen der Schulter reagiert. So kann die Übung später auch vom Sattel aus abgefragt werden.
Wenn das Austreten im Stand gut abrufbar ist, wird mit dem Training im Schritt begonnen, bis das Pferd sich stolz aufrichtet und im Gehen wechselseitig nach vorne austritt – der Spanische Schritt.

Übung 49

Abbildung 143: Pferdewippe

Podest und Wippe

Wer die Gelegenheit hat, sich ein Podest oder eine Wippe auszuleihen oder auch selbst zu bauen, kann miterleben, wie das Pferd von einem anfangs eher skeptischen Umgang mit diesen seltsamen »Turngerät« langsam Geschmack daran entwickelt, seine Balance damit auszutesten. Viele Pferde empfinden das Wippen oder das Aufsteigen auf ein Podest nach einem anfänglichen Zögern bald als spannende Herausforderung, die sie enthusiastisch annehmen.

Übung 50

Kompliment und Hinlegen

Hier handelt es sich um Übungen für Fortgeschrittene – sie sollten nicht ohne Anleitung eines Trainers versucht werden. Sowohl das Kompliment als auch das Hinlegen erfordern sehr viel Vertrauen zwischen Pferd und Reiter und dürfen nie übereilt angegangen werden. Wenn sie dann aber einmal klappen, sind es Übungen, die dem Reiter das Herz aufgehen lassen.

Abbildung 144: Gelassenheitstraining

Gelassenheitstraining

Auch das Gelassenheitstraining ist eine sehr schöne Chance für Pferd und Reiter, sich näher kennenzulernen und Vertrauen zueinander aufzubauen. Jede Schrecksituation, zum Beispiel eine für das Pferd unheimliche Begegnung im Gelände (siehe **Übung 43** oder **Übung 44** im Abschnitt **Übungen im Gelände**) kann und sollte als Gelegenheit zum Gelassenheitstraining interpretiert werden.

Für Helgi und mich war das Training in neuen und anfangs für ihn noch erschreckenden Situationen eine willkommene Gelegenheit, unter kontrollierten Bedingungen den gemeinsamen Umgang mit derartigen Situationen zu üben. So konnte Helgi lernen, auch in gefährlich erscheinenden Situationen gelassen zu bleiben. Gleichzeitig gab dieses Training mir die Gelegenheit, Vertrauen zu Helgi aufzubauen – und zu meiner eigenen Fähigkeit, mit derartigen Situationen umzugehen.
In diesem Abschnitt finden sich einige Ideen für Übungen, mit denen die Gelassenheit von Pferd und Reiter explizit trainiert werden kann.

Übung 51

Verladetraining

Keine klassische Gelassenheitsübung, aber als solche durchaus einsetzbar: Das Verladetraining ist eine sehr gute Übung für Pferd und Reiter. Gemeinsam wird ohne Zeitdruck die Herausforderung angegangen, das für viele Pferde anfangs sehr unheimliche Einsteigen in den Pferdeanhänger zu trainieren. So kann mit viel Ruhe, ohne Zwang und bei Bedarf auch über einen längeren Zeitraum verteilt so lange trainiert werden, bis das Pferd ohne Aufregung in den Hänger ein- und auch wieder aussteigen kann. Nicht nur lernen Pferd und Reiter sich in dieser potentiellen Stresssituation gegenseitig einzuschätzen, sondern am Ende ist damit auch eine unter Umständen sehr wichtige Aktivität zur Routine geworden. So entsteht im Ernstfall kein Konflikt, wenn das Pferd einmal transportiert werden muss.

Übung 52

Flatterband, Fähnchen und Tüten

Abbildung 145: Das Flatterband kennenlernen

Am Wegesrand im Wind flatterndes Plastik kann mit einem jungen Pferd schon einmal eine größere Herausforderung werden. Gerade deswegen ist es wichtig, diese Situation in der gewohnten Umgebung bewusst zu üben. Wie bei allen Gelassenheitsübungen gilt auch hier: Das Pferd wird sanft überzeugt, sich dem gefährlichen Objekt zu nähern. Der Zügel hängt dabei durch und übt keinen Zwang aus. Bei sehr

ängstlichen Pferden kann die Übung auch zuerst frei ausgeführt werden, so dass das Pferd selbst entscheiden kann, ob es weglaufen will oder ob die natürliche Neugierde siegt und das seltsame Objekt aus der Nähe inspiziert wird.
Bei Helgi ergab sich einmal spontan die Gelegenheit, mit dem Flatterband zu üben (siehe Trainingseinheit am **Donnerstag 27.09. Flatterband, Entspannungsübung, Galopp**). Nachdem sich die erste Aufregung erst einmal gelegt hatte, erwachte bei ihm der Forschungswille. Er hatte offensichtlich Spaß daran, das unheimliche Objekt mit mir gemeinsam zu inspizieren. Danach fand er flatternde Bänder oder Tüten im Normalfall nicht mehr aufregend, wenn der Wind nicht allzu stark und das Flattern nicht allzu laut war.

Übung 53

Regenschirm und Kinderwagen

Abbildung 146: Regenschirm

Auch Regenschirme und Kinderwagen erscheinen so manchem Pferd sehr gefährlich und bieten sich daher für eine Übung zu Hause an.
Gerade mit dem Regenschirm, der ja über dem Kopf des Pferdes gehalten wird und so doppelt gefährlich wirkt, bietet sich anfangs eine Arbeit mit dem freien Pferd an.
Wie in Abbildung 146 gut zu erkennen ist, hatte Helgi viel Spaß mit der Untersuchung dieses seltsamen Objekts. Regenschirme schrecken ihn seitdem nicht mehr.

Übung 54

Plastikplane und Planschbecken

Eine besondere Herausforderung kann auch das Überqueren von ungewohnten Untergründen sein. Das Training mit einer einfachen Plastikplane auf dem Boden reicht oft, um das Pferd davon zu überzeugen, dass es dem Reiter vertrauen kann, wenn dieser verlangt, dass es eine auf den ersten Blick unsicher oder gefährlich wirkende Oberfläche betritt. Je nach Pferd kann es sich anfangs recht schwierig gestalten, den ersten Huf auf die Plane zu locken. Sobald dieser Huf auf der Plane steht gibt es eine Belohnung durch Futterlob oder Beenden der Übung. Wenn die Plane aber einmal »besiegt« ist, wird das Pferd zukünftig ohne zu zögern darauf treten, sei es neben dem Reiter oder unter dem Sattel.
Als Steigerung dieser Übung kann die Plane in einer kleinen Senke ausgelegt und mit Wasser gefüllt werden, oder es wird mit einer stark knisternden Folie gearbeitet.

Abbildung 147: Wer flüstert hier?

Natural Horsemanship

In den 1990er Jahren machte der Roman [6] und später der Film {1} »Der Pferdeflüsterer« Furore. Darin wurde ein neuer Ansatz beschrieben, mit der junge oder traumatisierte Pferde gezähmt werden konnten: Das »Join-Up«-Prinzip von Monty Roberts [7]. Ungefähr zur gleichen Zeit wurde auch die Trainingsweise von Pat Parelli in Deutschland bekannt, von dem der Begriff »Natural Horsemanship« ursprünglich geprägt wurde [8]. Heute wird auch das Join-Up nach Monty Roberts unter dem Oberbegriff Natural Horsemanship mit zusammengefasst.

Beiden Trainingsansätzen ist gemein, dass sie dem Pferd die Möglichkeit geben, dem Druck des Trainers zu weichen und so seinem natürlichen Fluchtinstinkt zumindest ein Stückweit folgen zu können. Damit waren diese Ansätze zu dem Zeitpunkt ihrer Einführung zumindest in den USA bahnbrechend, da es dort damals üblich war, ein junges Pferd ohne Vorbereitung sehr kurz angebunden zu satteln und unter starkem Zwang zu reiten.

Im Vergleich dazu sind die Ansätze der Natural Horsemanship deutlich pferdegerechter. Wenn der Trainer sensitiv auf die Signale des Pferdes reagiert und darauf achtet, dass es durch die treibenden Hilfen nie überfordert wird, kann damit erreicht werden, dass auch ein sehr scheues oder traumatisiertes Pferd Vertrauen zum Menschen aufbaut. Das Pferd kann jederzeit abschätzen, was von ihm erwartet wird, und gewinnt so Sicherheit. Beim Join-Up kommt noch der zusätzliche Vorteil hinzu, dass das Pferd immer eine Wahl zwischen Kooperation und Flucht hat, und so vermieden wird, dass es sich hilflos ausgeliefert fühlt.

Allerdings ist bei beiden Ansätzen die Gefahr sehr groß, die Signale des Pferdes nicht rechtzeitig zu sehen, wenn es zu sehr unter Druck gesetzt und überfordert wird. Wie auch bei der traditionellen Ausbildung kann es bei den Übungen aus dem Bereich der Natural Horsemanship dazu kommen, dass eine Situation so eskaliert, dass das Pferd stark in Stress gerät. Wenn das Pferd aus Erschöpfung aufgibt bzw. sich nur aus Verzweiflung unterordnet, wird das Vertrauensverhältnis zwischen Mensch und Tier empfindlich gestört.

Abbildung 148: Helgi ist im Stress

Das ist selbstverständlich **nicht** das Ziel dieser Ansätze. Es ist sogar genau das Gegenteil dessen, was mit den Übungen erreicht werden soll. Aber die Gefahr, dass es genau dazu kommt, ist groß. Zu leicht kann ein unerfahrener Trainer die Signale des Pferdes übersehen oder falsch interpretieren.

Aus diesem Grund kam die Natural Horsemanship in den letzten Jahren stark in die Kritik, und es wird teilweise davon abgeraten, diese Ansätze zu verfolgen. Unter Anleitung eines erfahrenen Trainers kann Natural Horsemanship aber für Pferd und Mensch eine Bereicherung sein. Die Ergebnisse, die diese Ansätze bei sachgemäßer Anwendung zeigen können, sind teilweise sehr beeindruckend.

Beide Ansätze zielen darauf ab, dem Pferd auf eine ihm intuitiv verständliche Art zu erklären, was von ihm erwartet wird. Dabei wird auf die eigene Körpersprache geachtet, um der natürlichen Kommunikation von Pferden untereinander möglichst nahe zu kommen: Eine aufgerichtete, selbstbewusste Körpersprache mit erhobenem Kopf und breiten Schultern signalisiert dem Pferd, dass es weichen soll. Ein gesenkter Kopf und hängende Schultern bzw. eine leicht geduckte Haltung vermittelt dem Pferd, dass es sich dem Menschen nähern darf. Diese Körpersprache wird von den meisten Pferden intuitiv verstanden, da sie in der Kommunikation zwischen Pferden in ähnlicher Form vorkommt[8].

Ich reiße unten beide Ansätze kurz an, empfehle aber, sie nur mit Anleitung eines erfahrenen Trainers anzugehen.

---

8 Hierzu gibt es in [1] eine sehr anschauliche Fotoserie, die die Kommunikation zwischen Pferden in der Herde dokumentiert.

Übung 55

Join-Up nach Monty Roberts

Das durch Monty Roberts bekannt gewordene »Join-Up« basiert auf der Idee, das freilaufende Pferd (zum Beispiel in einem Longierzirkel oder in einem sonstigen kleinen, umzäunten Bereich) von sich weg zu treiben, wenn es signalisiert, dass es die Nähe zum Menschen unangenehm findet. Das Pferd hat also immer die Wahl zwischen zwei Alternativen: Es kann beim Menschen bleiben beziehungsweise zum Menschen zurückkommen und die geforderte Aufgabe erfüllen, oder es kann weglaufen und sich so der Aufgabe entziehen. Wenn es die zweite Alternative wählt, wird es so lange vorwärtsgetrieben, bis es (zum Beispiel durch Kauen, Senken des Kopfes oder Hereinschauen zum Menschen) signalisiert, dass es sich entspannt hat und bereit ist, sich dem Menschen wieder zu nähern. Wenn ein solches Signal kommt, hört der Trainer sofort auf zu treiben, und erlaubt dem Pferd, sich ihm zu nähern. Dadurch erlebt das Pferd die Nähe zum Menschen als entspannend, und wird im Normalfall beim nächsten Versuch, die ursprüngliche Übung durchzuführen, deutlich gelassener reagieren. Falls es das nicht tut, darf es wieder weglaufen und wird erneut getrieben. Wenn der Trainer den Mittelweg zwischen dem aufgebauten Druck und der Entspannung richtig wählt, wird das Pferd bald die Nähe zum Trainer suchen und ihm unaufgefordert kreuz und quer durch den Longierzirkel folgen.

Abbildung 149: Helgi möchte näherkommen

Übung 56

Weichen und Folgen nach Pat Parelli

Auch bei dem Ansatz nach Pat Parelli geht es darum, die natürlichen Instinkte des Pferdes zu nutzen, einem höherrangigen Tier in der Herde zu weichen und zu folgen. Anders als beim Join-Up wird bei der Vorgehensweise nach Pat Parelli anfangs nicht frei gearbeitet, sondern

Abbildung 150: Arbeit am Knotenhalfter

am (Knoten-) Halfter an der Longe oder an einem langen Führstrick. Der Trainer lässt das Pferd mit vorsichtigem Treiben von sich weg weichen. Als Belohnung für eine gute Reaktion wird dem Tier erlaubt, näher zu kommen und sich zu entspannen. Dadurch lernt das Pferd, dass die Nähe des Menschen entspannend ist und sucht sie instinktiv.

Intrinzen

Eine in der letzten Zeit viel beachtete Idee zur Arbeit mit dem freilaufenden Pferd ist Intrinzen. Dieser von Kathy Sierra entwickelte Trainingsansatz baut auf den neueren Erkenntnissen der wissenschaftlichen Forschung im Bereich der Bewegungs- und Motivationslehre auf. Hier auf die relevanten Forschungsergebnisse einzugehen, würde den Umfang des Buches sprengen. Informationen zu den Prinzipien von Intrinzen finden sich im Internet, z.B. auf der Homepage des Projekts {4} und auf dem Instagram-Account von Kathy Sierra {6}. In der Verbandszeitschrift des Islandpferde- Reiter- und Züchterverbands, Das Islandpferd, wurde im Herbst 2018 ein zusammenfassender Artikel über die Philosophie hinter Intrinzen veröffentlicht [10].

Abbildung 151: Die Arbeit mit dem Target

Kathy Sierra betont immer wieder, dass ihr Ansatz nicht für Pferde konzipiert wurde, die mit der traditionellen Reitweise keine Schwierigkeiten haben. Ihre Ideen wurden nach ihrer eigenen Aussage für Pferde entwickelt, bei denen sich im Laufe der traditionellen Ausbildung (oder auch durch alte, längst verheilte Verletzungen) Blockaden entwickelt haben, gegen die der Reiter mit traditionellen Mitteln nichts ausrichten kann. Ein junges, noch unvorbelastetes Pferd wird also

Abbildung 152: Bewegungsdrang spielerisch nutzen

im Allgemeinen nicht in die Zielgruppe der Pferde gehören, für die der Ansatz entwickelt wurde. Da der Ansatz von Intrinzen aber darauf abzielt, dem Pferd die Balance und Beherrschung des eigenen Körpers spielerisch nahe zu bringen, fand ich die unten dargestellten Übungen auch bei der Arbeit mit Helgi hilfreich.

Dabei ist zu beachten, dass viele Übungen von Intrinzen den Bewegungsdrang des Pferdes spielerisch nutzen. Das Ziel ist es, dass das Pferd seine Balance ohne Einfluss von außen selbst findet. Dabei wird dem Pferd sehr viel Selbstbestimmung eingeräumt, um ihm möglichst viel Spielraum zur Selbstorganisation seiner Bewegungen zu geben. Dadurch kann es vorkommen, dass der für die herkömmliche Arbeit und den täglichen Umgang mit dem Pferd (Tierarztbesuch, Hufpflege etc.) notwendige Respekt des Pferdes vor dem Reiter in Mitleidenschaft gezogen wird. Daher ist es sehr wichtig, dass der Reiter dem Pferd sanft, aber bestimmt anhand des Kontextes erklärt, wann es den Anweisungen des Reiters diskussionslos Folge zu leisten hat, bzw. in welchen Situation der gegenseitige Umgang spielerischer sein darf. Näheres dazu siehe oben im Abschnitt **Unterschiedliche Trainingssituation richtig begleiten.**

Trotzdem kann es gerade bei einem jungen, temperamentvollen Pferd dazu kommen, dass eine Mischung der beiden Ansätze zu Schwierigkeiten führt. Dies war in Helgis Ausbildung im zehnten Ausbildungsmonat der Fall. In diesem Monat riet mir Johanna, vorübergehend auf das Training nach Intrinzen zu verzichten und Helgi konsequent daran zu erinnern, dass er mich respektieren musste. Erst als Helgi in der traditionellen Arbeit wieder Respekt zeigte und bereitwillig mitarbeitete, fingen wir wieder mit der freien Arbeit nach Intrinzen an.

Ich stelle unten einige Übungen aus dem Intrinzen-Projekt kurz vor. Allerdings gibt es bei dieser Arbeit einige grundlegende Verhaltensregeln zu beachten, um die Sicherheit von Pferd und Reiter zu gewährleisten. Daher ist es empfehlenswert, sich näher mit den Grundideen von Intrinzen zu beschäftigen, bevor diese Übungen mit dem eigenen Pferd ausprobiert werden.[9]

9 Zusätzlich zu den öffentlich zugänglichen Informationen auf der Homepage des Intrinzen-Projekts {4} gibt es dazu auf Instagram eine lebhafte Community, die sie unter den Hashtags #intrinzen und #intrinzenstudents zu den gemachten Erfahrungen austauscht und auch regionale Treffen organisiert.

Übung 57

Crunches

Bei den Crunches (englisch für »Bauchpressen«) für Menschen handelt es sich im um eine Übung, bei der der Rücken gewölbt wird, um die Bauchmuskulatur zu trainieren. Beim Pferd ist die Idee der Übung ebenfalls ein Wölben des Rückens, allerdings hier mit dem Ziel, dass das Pferd den Widerrist hebt und das Gewicht auf die Hinterhand verlagert. Geübt werden die Crunches, indem das Pferd freistehend (oder, falls es das ohne Angst zulässt, mit der Hinterhand vor einer Begrenzung) dazu aufgefordert wird, sein Gewicht leicht nach hinten zu verlagern, ohne die Füße zu versetzen. Anfangs wird jeder noch so kleine Rückwärts-Shift sofort belohnt. Das Fernziel der Übung, dass das Pferd den Widerrist anhebt, wird in kleinen Schritten über einen längeren Zeitraum erarbeitet. Dazu erfolgt die Belohnung zunehmend nur noch dann, wenn das Pferd zusätzlich zur Gewichtsverlagerung nach hinten auch ein Hochwölben der Schulter oder des Rückens zeigt.

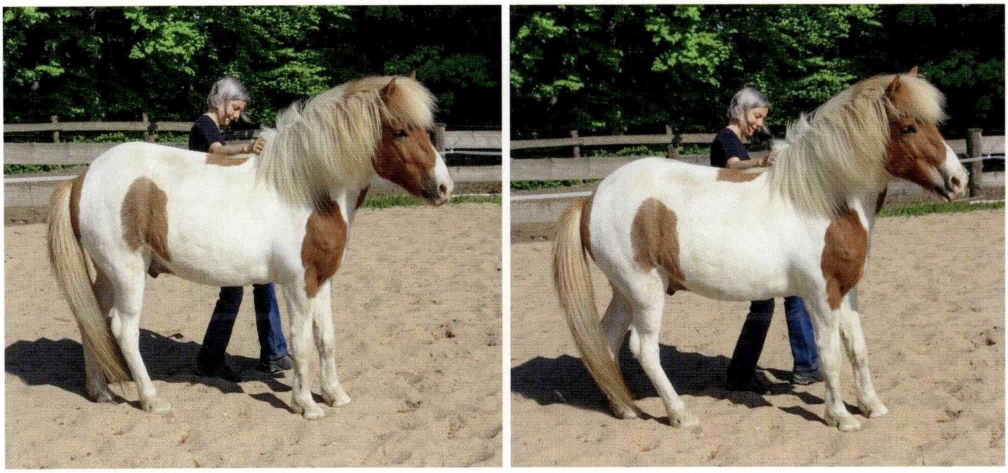

Abbildung 153: Erste Ansätze von Crunches

Übung 58

Panther Walk

Auf ersten Blick sieht der Panther Walk dem spanischen Schritt (siehe **Übung 48**) recht ähnlich. Die Zielsetzung hinter dieser Übung ist aber eine ganz andere. Während der spanische Schritt darauf abzielt, dass das Pferd sich deutlich aufrichtet und mit hoher Schulter nach vorne tritt, ist das Ziel des Panther Walks, das Pferd zu motivieren, an die äußeren Grenzen seiner Bewegungsmöglichkeiten zu gehen und diese so nach Möglichkeit zu

Abbildung 154: Panther Walk

erweitern. Ein zweites Ziel der Übung ist es, dass das Pferd sich selbst aus dem Gleichgewicht bringt und dieses neu organisieren muss. Dadurch lernt das Pferd, auch bei extremen Bewegungen die Balance zu halten.
Der Panther Walk wird so früh wie möglich in Bewegung geübt. Dazu wird ein Target (zum Beispiel eine Gerte oder eine Poolnudel) vor die Beine des Pferdes gehalten, und es wird belohnt, wenn beim Laufen ein Bein das Target berührt. Nach und nach wird das Pferd immer weiter mit den Vorderbeinen nach vorne ausschreiten, um das Target zu berühren. Anfangs kann es dadurch auf die Vorhand fallen. Das ist bei dieser Übung ein gewünschter Effekt, weil das Pferd dadurch selbst feststellt, dass eine stark vorhandlastige Bewegung sein Gleichgewicht gefährdet. Daher wird es sich umso besser selbst organisieren und sein Gewicht wieder mehr auf die Hinterhand verlagern, je besser es die Übung beherrscht.

Übung 59

Chase the Bag/Target (Jagt auf die Tüte)

Anfangs eher eine Gelassenheitsübung, aber später ein energiegeladenes Spiel, an dem die meisten Pferde viel Freude entwickeln: Es wird eine stabile Tüte an eine Peitsche gebunden. Das Pferd soll die Tüte berühren und wird belohnt, wenn es das tut. Ein Pferd, das noch nicht mit knisternden Gegenständen in Berührung gekommen ist, wird dieses seltsame Konstrukt

zu Beginn eher mit Argwohn betrachten. Mit ein wenig Geduld lassen sich die meisten Pferde aber schnell überzeugen, die Tüte zu beschnuppern und mit der Nase anzuschubsen. In der nächsten Stufe wird die Tüte langsam vom Pferd weggezogen, so dass es folgen muss, um die Tüte zu berühren und seine Belohnung zu verdienen. Dies wird langsam gesteigert. Schlussendlich läuft der Reiter in hohem Tempo mit der Tüte vom Pferd weg und das Pferd muss die Tüte mit den Vorderhufen fangen, um seine Belohnung zu erhaschen.
Diese Übung war bei dem temperamentvollen Helgi nicht ganz unproblematisch. Er baut schnell sehr viel Energie auf und kann dabei schon einmal vergessen, dass er Abstand von mir halten muss. Im Intrinzen-Projekt wird als Abhilfe vorgeschlagen, mit einer Begrenzung (zum Beispiel einem Zaun) zwischen Reiter und Pferd zu arbeiten. Wie oben erwähnt kann der Reiter aber auch am Respekt arbeiten, indem er das Pferd sowohl während des Intrinzen-Trainings als auch in der sonstigen Arbeit sanft aber konsequent erinnert, den sicheren Abstand einzuhalten.
Grundsätzlich gilt, dass diese Übung nicht dazu gedacht ist, ins tägliche Repertoire des Trainings überzugehen. Vielmehr wird sie verwendet, um dem Pferd die Freude an der Bewegung nahe zu bringen. Für Helgi habe ich sie gelegentlich genutzt, damit er seine überschüssige Energie mit viel Spaß abbauen konnte. Danach wird wieder an anderen, weniger energiegeladenen Themen gearbeitet, damit sich das Pferd nicht zu sehr aufheizt.

Abbildung 155: Die Tüte jagen

Anhang

Verzeichnis der Trainingseinheiten

Trainingseinheit	Seite	Übungen
Freitag 12.10. – Geländereitstunde mit Startschwierigkeiten	59	Übung 12, Übung 32, Übung 37
Freitag 02.11. – Johanna reitet Helgi	64	Übung 23, Übung 25, Übung 26, Übung 32
Freitag 09.11. – Nichts ist in Stein gemeißelt	67	Übung 26, Übung 28, Übung 32
Dienstag 27.11. – Schulterkontrolle	68	Übung 3, Übung 4, Übung 11, Übung 29, Übung 31
Mittwoch 14.12. – Trab an der Hand	70	Übung 15
Donnerstag 20.12. – Konstante weiche Anlehnung	73	Übung 25, Übung 26, Übung 30, Übung 31
Freitag 04.01. – Trab und Galopp	77	Übung 31
Freitag 11.01. – Konzentrierte Arbeit im Gelände	80	Übung 34, Übung 37, Übung 42
Sonntag 10.02. – Intrinzen-Übungen	82	Übung 57, Übung 58, Übung 59
Freitag 22.02. – Im Fluss bleiben	84	Übung 23, Übung 26, Übung 29
Freitag 15.03. – An den äußeren Zügel reiten	88	Übung 23, Übung 31
Freitag 29.03. – Rückenschmerzen und Satteltausch	90	Übung 28, Übung 32
Freitag 05.04. – Respektprobleme und Vorwärtsreiten	93	Übung 1, Übung 3
Samstag 13.04. – Schreckhaft und aufgedreht	94	Übung 12, Übung 20
Freitag 26.04. – Steigen und Buckeln	96	Übung 12, Übung 20, Übung 31, Übung 32, Übung 37
Freitag 03.05. – Stangenarbeit zur Abwechslung	102	Übung 20, Übung 33
Sonntag 12.05. – Gehorsames Traumpferd mit hoch-weitem Tölt	103	Übung 37
Freitag 07.06. – Ausgewogenheit und Balance	105	Übung 27, Übung 28, Übung 30, Übung 32
Freitag 21.06. – Im höheren Tempo an den Zügel heran reiten	107	Übung 27, Übung 28, Übung 32
Montag 02.07. – Das erste Mal Ovalbahn	110	

Verzeichnis der Übungen

Übung	Seite	Trainingseinheit
Übung 29 – Schulterkontrolle vom Sattel aus	171	*Dienstag 27.11.* Schulterkontrolle | *Freitag 22.02.* Im Fluss bleiben
Übung 30 – Bahnfiguren und Richtungswechsel	173	*Samstag 11.08.* Balance finden; Tölt schwierig, Trab besser | *Donnerstag 20.12.* Konstante weiche Anlehnung | *Freitag 07.06.* Ausgewogenheit und Balance
Übung 31 – Arbeit auf der gebogenen Linie	174	*Donnerstag 20.09.* Zusammenspiel von Schenkel und Zügel | *Dienstag 27.11.* Schulterkontrolle | *Donnerstag 20.12.* Konstante weiche Anlehnung | *Freitag 04.01.* Trab und Galopp | *Freitag 15.03.* An den äußeren Zügel reiten | *Freitag 26.04.* Steigen und Buckeln
Übung 32 – Tempo verstärken und flüssig vorwärts reiten	175	*Donnerstag 27.09.* Flatterband, Entspannungsübung, Galopp | *Mittwoch 03.10.* Schweinepass und Selbstzweifel | *Freitag 12.10.* Geländereitstunde mit Startschwierigkeiten | *Freitag 02.11.* Johanna reitet Helgi | *Freitag 09.11.* Nichts ist in Stein gemeißelt | *Freitag 29.03.* Rückenschmerzen und Satteltausch | *Freitag 26.04.* Steigen und Buckeln | *Freitag 07.06.* Ausgewogenheit und Balance | *Freitag 21.06.* Im höheren Tempo an den Zügel heran reiten | *Montag 02.07.* Das erste Mal Ovalbahn
Übung 33 – Stangenarbeit	176	*Freitag 03.05.* Stangenarbeit zur Abwechslung
Übung 34 – Dressurmäßige Übungen im Gelände	178	*Freitag 11.01.* Konzentrierte Arbeit im Gelände
Übung 35 – Auf den Punkt durchparieren	179	*Samstag 08.09.* Takt gut, Gehorsam mangelhaft
Übung 36 – Aneinander vorbei reiten	180	*Sonntag 15.07.* Ausritt mit Trab
Übung 37 – Tempo verstärken und flüssig vorwärts im Gelände	180	*Sonntag 15.07.* Ausritt mit Trab | *Freitag 12.10.* Geländereitstunde mit Startschwierigkeiten | *Freitag 11.01.* Konzentrierte Arbeit im Gelände | *Freitag 26.04.* Steigen und Buckeln | *Sonntag 12.05.* Gehorsames Traumpferd mit hoch-weitem Tölt
Übung 38 – Von einem Wegrand zum anderen »schwanken«	181	
Übung 39 – Mittig auf dem Weg reiten	182	
Übung 40 – Slalom um Bäume oder andere Hindernisse	182	

Literatur

[1] Reynir Aðalsteinsson, Gabriele Hampel: **Reynirs Islandpferde-Reitschule.** 1998, Franckh-Kosmos Verlags-GmbH + Co. KG, Stuttgart. ISBN 3-440-07399-8.

[2] Katja Stührenberg: **Tölt richtig reiten.** 2022, Müller Rüschlikon Verlag, Stuttgart. ISBN 978-3-275-02254-0.

[3] Dr. Kurt Pfannkuche, Marie Wendel: **Die Gangpferdereitlehre.** 2017, FNverlag der Deutschen Reiterlichen Vereinigung GmbH, Warendorf. ISBN 978-3-88542-890-9.

[4] Bea Borelle: **Bea Borelles Zirkusschule.** 2004, Franckh-Kosmos Verlags-GmbH + Co. KG, Stuttgart. ISBN 3-440-09569-x.

[5] Franco Grogi: **Freiheitsdressur und Zirkuslektionen.** 2008/2010, Cadmos Verlag GmbH, Schwarzenbek. ISBN 978-3-86127-564-0.

[6] Nicholas Evans: **Der Pferdeflüsterer.** (Originaltitel: The Horse Whisperer). Deutsch von Bernhard Robben. 2004, Goldmann-Verlag, München. ISBN 3-442-45749-1.

[7] Monty Roberts: **The Man Who Listens to Horses.** 1996/1997, Random House, New York, New York, Vereinigte Staaten. ISBN 0-679-45658-9.

[8] Pat Parelli: **Natural Horsemanship.** 2003, LYONS PR, Kensington, Maryland, Vereinigte Staaten. ISBN-13: 978-1585747122.

[9] Christiane Späte: Helmut Bramesfeld: **Diktat führt nicht zu einem Miteinander.** In **»Das Islandpferd«**, Verbandszeitschrift des Islandpferde- Reiter- und Züchterverbands, Ausgabe 4/2015.

[10] Karolina Kardel: **Intrinzen-Training mit Islandpferden.** In **»Das Islandpferd«**, Verbandszeitschrift des Islandpferde- Reiter- und Züchterverbands, Ausgabe 5/2018.

[11] Larissa Silja Werner: **Hólar Inbegriff Isländischer Reitkunst.** In **»Das Islandpferd«**, Verbandszeitschrift des Islandpferde Reiter- und Züchterverbands, Ausgabe 4/2016.

Weblinks[10]

{1} https://de.wikipedia.org/wiki/Der_Pferdefl%C3%BCsterer
Deutsche Wikipedia-Seite des Films »Der Pferdeflüsterer«

{2} https://www.youtube.com/watch?v=Fxr4yLdjJh4&feature=youtu.be&fbclid=IwAR3f3illaDsb2j4oqkP4o-beXXYpO2_RyELOf_DQKFCA98CbWtZQyatXKJRs
Auftritt von Helmut Bramesfeld auf den Handorfer Islandpferdetagen 2017

{3} https://www.ipzv.de/newsdetail-kurzmeldungen/equitana-am-sonntag-horsemanship-mit-island-pferden.html
Kurzer Artikel über Helmut Bramesfeld und seine Philosophie

{4} https://www.intrinzen.horse/
Homepage des Intrinzen-Projekts

{5} https://elopage.com/s/bewegungsfreudepferd/ebooks-intrinzen-core-posture-deutsche-uebersetzung
Kostenloses PDF mit den Grundideen von Intrinzen

{6} https://www.instagram.com/pantherflows/
Instragram-Account der Intrinzen-Mitbegründerin Kathy Sierra

---

10 Die hier aufgeführten Links zu Webseiten im Internets waren zum Zeitpunkt des Drucks dieser Ausgabe aktiv. Wegen der Kurzlebigkeit von Informationen im Internet kann es aber passieren, dass einige dieser Seiten nicht dauerhaft erreichbar sind.

Danke

So ein Buch entsteht nicht im leeren Raum, sondern braucht viel Unterstützung von außen:

Zuallererst muss meine Trainerin Johanna Tryggvason erwähnt werden, die mir nicht nur bei Helgis Ausbildung, sondern auch bei der Entstehung dieses Buchs mit Rat und Tat zur Seite stand.

Mein Partner Stephan Wagner war mit viel Geduld für mich da, während ich mit dem Kopf tief in ***Helgis Jungpferdetagebuch*** steckte.

Die Probeleser Catharina Pölzelbauer, Katja Höpker, Elke Goldmann, Dalia Muth und Stephan Wagner lieferten wertvolle Hinweise, wie ich das Tagebuch verbessern konnten.

Spiritedphoto, Dalia Muth lieferte viele schöne Fotos, die das Buch bereichern.

Die Gewandmeisterei, **Franziska Tofolo** stellte uns für eine Fotosession ihre bildschönen Reitjacken zur Verfügung, um den Aufnahmen einen besonderen Touch zu geben.

Das Gestüt Sophienhof, Oliver Weitz zog Helgi auf und stellte uns ein Foto der Hauptperson dieses Buches als Fohlen zur Verfügung.

Ein fleißiger Elf half bei der Sichtung und Bearbeitung der Bilder.

Und nicht zuletzt: Meine Editorin Claudia König glaubte fest an das Projekt – auch in Zeiten, in denen ich daran zweifelte.

Vielen Dank dafür!